KB074229

수
학
을
포기하려는
너
에게

수학을 포기하려는 너에게

장우석

교과 수학도 인생 수학도
아직 늦지 않은 이유

너
에게

문제 한 접안을 떨쳐 내고 '수학'할 용기

북트리거

수학 '불안'을 넘어
'행동'할 용기

학창 시절에 수학을 즐겁게 공부하는 사람은 드뭅니다. 예전에도 그랬고 지금 여러분도 그렇죠. 한국도 그렇고, 정도의 차이는 있지만 외국도 마찬가지입니다. 그 어려운 수학을 왜 지구상 모든 나라에서 학생들에게 공부하라고 강요할까요? 수학이라는 학문이 가진 긍정적 측면이 그만큼 크기 때문일 겁니다.

제 중·고교 시절을 돌아보더라도 수학 공부는 힘들었습니다. 하지만 고심 끝에 어려운 문제가 풀리면서 불꽃이 확 일어나듯 전체 내용이 단번에 연결될 때는 다른 어떤 교과에서도 느껴 보지 못한 강렬한 기분을 느꼈습니다. 그렇다 보니 어느 순간부터 저는 수학 공부가 인격 성숙의 측면을 가지고 있다는 사실을 어렴풋이 이해했던 것 같습니다. 대학에 진학해서 수학사와 수학교육에 관한 전공 서적들을 읽으며, 중·고교 시절의 경험이 그저 기분만은 아니었다는 걸 알게 되었고요.

저는 수학이 공부의 궁극적 의미에 가장 깊게 연결된 교과라고 생각합니다. 수학이 모든 것에 응답할 수 있는 만능 교과라는 말이 아니라, 수학 공부를 통해 자신의 내면을 돌아보고 외부 환경으로부터 주어지는 문제 상황에 능동적으로 대처할 수 있는 역량을 깊게 기를 수 있다는 뜻입니다.

그러한 관점을 바탕으로 이 책의 1부에서는 제가 가르치는 학생들의 발랄한 생각의 단편들을 여과 없이 담아서 수학 공부의 의미를 정리해 보았습니다.

2부에서는 수학이라는 학문의 특징을 주제별로 정리해 보았습니다. 과학과의 근본 차이, 증명이라는 고유한 문화 등 수학의 다양한 모습들을 역사와 관련지어서 풀어내고자 했습니다. 또한 주변 교과들과 비교해 보면서, 수학도 인간 문화의 일부라는 사실을 이해하고 여러분이 수학을 더 친숙하게 대할 수 있도록 안내했습니다.

3부에는 수학적 사고의 발전 과정을 담았습니다. 우리에게 익숙한 귀납, 유추, 연역 등 다양한 추론 방법의 배경과 원리를 정리했습니다. 특히 연역의 역사를 통해 수학적 사고의 고유한 원리를 폭넓게 이해하는 시간을 갖고자 했습니다. 여러분이 다양한 사고의 원리들을 의식적으로 대상화하고 이를 습득하려 노력한다면, 수학이 어느 순간부터 재미있어질 거라 생각합니다.

4부에서는 수학 문제를 풀어내는 사고의 원리를 정리했습니다. 문제를 만나는 순간부터 문제와 하나가 되고 이별하는 순간까지 어떤 태도로 대해야 하는지를 담았습니다. 저 또한 이론을 처음 만난 후, 현재까지 수많은 연습을 통해 문제 해결 역량을 키워 왔고 지금도 노력하고 있답니다. 여러분도 이 내용을 깊이 읽고 매일 조금씩 실천한다면 수학을 넘어 일상에서까지 문제 해결 역량이 성장하는 걸 느낄 겁니다.

5부에서는 수학 학습이 가지는 성장의 의미를 학자들과의 가상 대화를 통해 정리해 보았습니다. 잘 알려진 학자 다섯 명이 등장해 저와 대화를 나누고 때로는 서로 논쟁하기도 합니다. 이를 통해 심리적 측면에서 수학 학습의 의미를 담으려고 노력했습니다. 이 가상 대화를 읽으며 여러분도 자신만의 수학 학습 이유를 스스로 찾아내면 좋겠습니다.

6부에서는 '수학 불안'이라는 낯선 용어를 소개했습니다. 제 경험과 기존 이론에 기초하여 수학 불안을 정의하고 그것을 극복할 방법을 제시했습니다. 불안은 행동을 통해서만 극복됩니다. 여러분이 불안을 지성으로 변화시킬 용기를 얻어 행동하기를 바라는 마음으로 썼습니다.

이 책은 이렇게 수학을 잘하고 싶고 좋아하고 싶으면서도, 수학을 두려워하고 피하려 하는 학생들을 위한 책입니다. 각 장마다 나름의 완결성을 갖도록 썼지만, 처음부터 순서대로 읽는다면 책의 의도를 더 잘 느낄 수 있을 겁니다.

2022년 겨울,
장우석

차례

1부

수학이 영원히
'선택' 과목이
될 수 없는 이유

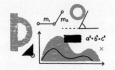

유럽의 중세 때 학생들이 유클리드 기하학을 배우기가 괴로워서 수도원을 탈출하는 경우가 종종 있었다고 합니다. 조금만 참고 졸업하면 확실한 미래가 보장되는데도 기어이 포기하고 말 정도로 기하학 공부가 고통스러웠을까요? 이런 이야기는 우리에게도 묘하게 위로가 됩니다. 수능 시험에서 수학이 선택 과목이라면 많은(아마 대부분의) 학생들이 만세를 부르며 기꺼이 수학책을 던질지도 모르죠.

수학은 어렵습니다. 이 책을 쓰는 저를 포함해 누구에게나 그렇습니다. 한국 학생에게도, 외국 학생에게도 어렵습니다. 과거에도 어려웠고 앞으로도 그럴 테죠. 수학은 도대체 어디에 사용되는지 알 길이 없습니다. 교과서를 봐도 알 수 없고 학교를 졸업해도 삶 속에서 거의 만나지 못합니다. 수학은 추상적입니다. 일상 언어가 아닌 인공언어로 구성되어 있어 읽기가 어렵고 즉각적인 이미지 형성도 불가능합니다. 영국의 경우, 고등학교 수학을 가르칠 정도면 지식인으로 분류되어 기업에서 이리저리 데려가는 통에 수학 교사가 모자라, 아시아 등에서 초빙하여 충원한다고 합니다. 이처럼 수학은 어느 사회에서나 특별한 지식으로 취급받고 있는 것 같습니다. 그런데 이렇게나 어려운 수학을 우리는 왜 물리나 화학, 경제나 생활과윤리처럼 선택 과목으로 만들지 못할까요? 수학이 어려운 이유는 과연 무엇일까요? 그러한 어려움에도 불구하고 배워야만 할 가치가 있는 걸까요?

수학과 인생의
공통점

수학 교사: ··· 이상입니다. 질문 있나요?

학생: 선생님, 이제 청소해도 되죠?

수학, 너 뭔데?

얼마 전에 제가 가르치는 학생들과 방과 후 활동을 하는 중에, 자신이 생각하는 수학 공부의 의미를 자유롭게 써 달라고 한 적이 있습니다. 고등학교 1~2학년 학생 51명이 다음과 같이 다양한 대답을 내놓았죠.

나에게 수학 공부의 의미는?

① 논리적인 사고력 획득

② 문제 해결 능력 획득

③ 본질을 이해하는 능력 획득

④ 기본 개념을 통해 복잡한 문제를 해결하는 능력 획득

⑤ 지식의 연결, 확장

⑥ 모든 것을 포용하는 힘

⑦ 과학의 기본

⑧ 좋은 성적을 얻어 원하는 대학 입학

⑨ 노력을 통한 성취감 얻기

⑩ 사고력 심화를 통한 자신감 얻기

⑪ 내 한계 극복

⑫ 나를 비춰 주는 거울

⑬ 끈기, 열정

⑭ 활력소

⑮ 자존감 하락의 원인

⑯ 두려움

⑰ 넘어야 할 산

⑱ 도전과 성취감

⑲ 희열, 만족감

여러분의 답도 이 가운데 들어 있나요? 아니면 새로운 답이 떠올랐나요? 학생들의 응답을 읽으면서 저는 이렇게 많은 의미를 지니는(또는 지니고 있다고 생각되는) 과목이 수학 말고 또 있을까 하는 생각이 들었습니다. 과학 공부의 의미를 '자존감 하락의 원인'이라고 말하는 경우는 많지 않을 겁니다. 역사 공부의 의미를 '넘어야 할 산'이라고 말한다면 뭔가 어색합니다. 국어 공부의 의미를 '문제 해결 능력 획득'이라고 말한다면 조금 특이하다고 생각할 겁니다. 물론 19개의 답변 속에는 수학뿐 아니라 다른 과목들이 가진 의미도 몇 개씩은 들어가 있습니다. 하지만 이렇게 다양한 의미를 (그것도 학생들 스스로) 한꺼번에 부여할 수 있는 과목은 제 생각에 수학 말고는 없습니다. 수학은 학생들에게 재앙 그 자체인 겁니다.

수학 공부의 의미에 대한 학생들의 응답은 크게 네 가지 범주로 분류할 수 있습니다.

- 논리적인 문제 해결 역량 획득(①~④)
- 국가의 과학 역량 증대(⑤~⑦)
- 대학 입학의 수단(⑧)
- 정서적 역량 도야(⑨~⑲)

우선 논리적 문제 해결 역량은 정서적 역량과 무관할 수 없습니다. 우리는 공포감이나 불쾌감을 느낄 때, 논리적으로 사고하는 힘이 현저히 떨어집니다. 반면에 길을 지나가는 사람들이 모두 선해 보이고 세상이 아름답다고 느껴질 때, 우리의 뇌는 평소에 접근하지 못하던 어려운 문제에 기꺼이 도전할 수 있는 말랑말랑한 상태로 변하죠.

인간의 정서적 상태는 논리적 사고 능력과 깊이 연결되어 있습니다. 철학자 스피노자는 기쁨의 감정이 커질수록 합리적 사고 능력도 증대한다고 말한 바 있습니다. 굳이 철학자가 보증을 서지 않더라도 우리의 일상적 경험에 비추어 충분히 동의할 수 있는 이야기입니다.

자신을 더 많이 기쁘게 하는 일을 하라!
-스피노자(1632~1677)

그리고 논리적인 문제 해결 역량과 정서적 역량이 사회적으로 잘 육성될 때 국가의 과학 역량도 증대될 수밖에 없습니다. 그러니 대입에서 중요하게 여기는 것도 당연하죠. 결국 네 가지 범주는 서로 연결되어 있습니다.

내 앞에 놓인 문제를 대면하고 헤쳐 나가기

수학 공부에 대해 학생들을 상담해 보면 늘 듣게 되는 이야기가 있습니다.

① 교과서 개념은 다 이해하겠는데 문제를 풀려고 하니까 잘 안 돼요.

② 참고서 풀이를 보면 다 이해가 되는데 혼자 풀려고 하면 안 풀려요.

③ 시험지를 받고 나면 너무 떨려서 실수가 많이 나와요.

①과 ②는 한 세트로 볼 수 있습니다. 공식이나 개념을 이해하는 과정과 그것을 문제에 적용하여 풀어내는 과정이 구분되는 거죠. 이해하기 쉽게 예를 들어 볼까요? 수영을 처음 배울 때, 여러분은 강사에게 수영의 원리와 방법에 대해 먼저 배우게 됩니다. 그리고 그 원리를 물속에서 실제로 적용하며 수영법을 터득하게 되는데 여기에는 시행착오를 포함한 시간이 필요합니다. 추상적인 언어가 형체를 가진 몸속에 들어와 나의 일부가 되는 정상적 과정이죠.

수영뿐 아니라 운전하기, 요리하기 등 원리와 방법이 필요한 모든 영역은 이와 유사한 습득 과정을 거칩니다. 그중에서도 수학은 눈에 보이지 않는 수를 다루는, 추상성이 큰 학문이므로 그 과정에 좀 더 체계적이고 적극적인 노력이 필요합니다. 이때 '체계적인 노력' 부분이 바로 문제 해결(problem solving)이라는 영역인데, 과거에는 학교에서 이것을 제대로 교육한 적이 없습니다. 한편 '적극적인 노력' 부분은 바로 정서적인 역량을 말합니다.

많은 학생이 수학을 '공식을 암기한 후, 문제에 적용하여 답을 구하는 과정'으로 생각합니다. 아예 틀린 말은 아니지만 이는 수학의 한 측면일 뿐입니다. 수학을 이렇게 규정하는 한, 수학 공부가 한없이 재미없고 괴로울 수밖에 없죠. 수학을 공부하는 것은 (개념 이해든 문제 해결이든) 필요한 정보를 다양한 관점으로 연결해서 필연적인 결과에 도달하는 능동적 과정입니다. 바로 이 능동성이 정서적 역량 도야에 해당합니다. 설사 정답에 도달하지 못하더라도 조금 더 생각하고 나아가 보는 경험, 그 노력의 결과를 통해 자신의 능력을 신뢰하게 되는 과정이죠.

③은 ①, ②와는 조금 다른 내용입니다. 시험 볼 때 떨리는 것이야 당연한데 그 중압감과 시간적 압박감이 왜 유독 수학 과목에서 더 부정적으로 나타날까요? 학교의 수학 시험 시간은 보통 50~60분 정도로 주어집니다. 이 시간 동안 20~25문제를 풀어내

야 하니까 한 문제를 3분 이내에 풀어야 하는 셈입니다(대입 수학 능력시험은 이보다 조금 더 여유가 있습니다). 그러다 보니 계산 과정을 거쳐서 답을 구해야 하는 수학 시험에 일반 과목과 같은 시간을 부여해선 안 된다는 주장이 간간이 제기되죠. 수학 시험에 시한을 두는 건 결국 수학교육을 '암기해 둔 문제 풀이를 테스트하는 과정'으로 전락시키는 비교육적인 제도이므로 폐지되어야 한다고 주장하는 수학교육 전문가들도 있을 정도입니다.

하지만 시험에 시한이 없을 수는 없습니다. 더 중요한 것은 꼭 시험이 아니라도 세상 모든 문제 해결에 무제한의 시간이 주어질 수는 없다는 점입니다. 우리는 살아가면서 예상치 못한 일들을 만나곤 합니다. 나중에 그 일을 떠올리면서 그때 이렇게 대응했어야 하는데, 그렇게 말하면 안 되었는데, 하면서 후회와 아쉬움을 토로하는 경우가 많죠.

나에게 주어진 정보를 창의적으로 연결하여 주어진 시간 내에 난감한 상황을 타개하는 능력은 삶의 보편적인 문제 상황입니다. 그러니 일정한 시한 내에 문제를 해결해 내는 것은 의미 있는 일이며 충분한 연습으로 일정한 수준까지는 극복할 수 있습니다. 이렇듯 수학 문제 해결은 인생의 문제 해결 능력으로 이어질 수 있고, 이것이 수학 공부의 중요한 의미 중 하나입니다.

살펴보았듯이 수학은 지식의 차원을 넘어서 정서적 역량을 요구하는, 쉽지 않은 과목입니다. 초등학교에 입학하기 전부터 미적분 문제를 풀어 대던 수학 영재들, 상상력과 추론 능력이 극히 뛰어난 사람도 노력을 지속하지 않는다면 그 능력이 퇴화할 수밖에 없습니다. 수학은 잘하는데 삶에서 마주치는 일상적인 문제 해결에 서툰 사람도 마찬가지입니다. 그건 반쪽짜리 지성에 불과하거든요.

수학 역사의 페이지들을 장식한 뛰어난 수학자들 중 많은 이들이 끈기와 열정, 그리고 능동적이고 자주적인 삶의 모습을 보여 주었습니다. 우리 모두 그들처럼 뛰어난 수학자는 아니더라도 문제 해결 과정을 의식적으로 연습함으로써 논리적 사고 능력을 발전시키고, 이를 통해 능동적인 삶의 태도를 길러서 보다 멋있는 삶을 살 수 있습니다.

'수포자'를 낳은 건
수학이 아니다

학생: 제가 수포자라고 생각하세요?
수학 교사: 그건 공집합이란다.

정말로 '포기'하게 만드는 건 누구인가?

'수포자'. 수학을 포기한 사람 정도로 해석될 수 있는 이 단어
는, 수학을 싫어하거나 힘들어하다가 어느 시점부터 자신을 수학
과 떼어 놓은 학생들(또는 그런 경험이 있는 성인들)을 가리킵니다.
「2021년 전국 수포자 설문조사」 결과에 따르면, 자신을 수포자로
생각하는 초등학교 6학년생이 전체 응답자 중 11.6%, 중학교
3학년생이 22.6%, 고등학교 2학년생이 32.3%에 이르는 것으로
나타났습니다.[1]

수포자 현상에 대해서는 이미 사회학적·교육학적 분석들이 많이 나와 있습니다. 수학이라는 과목의 과도한 추상성에 대해 비판하는 분석들이 주를 이루죠. 이러한 비판은 입시 제도에 대한 비판으로 이어지고, 나아가 일상적 삶 속의 수학 문제와 연결하여(즉 추상성을 되도록 걷어 내고) 교과서를 새롭게 구성해야 한다는 식의 결론으로 이어지곤 합니다.

저 역시 그러한 분석들에 많이 공감합니다. 여기에 덧붙여 수포자가 생겨나는 비극적 현상의 원인 가운데 '수포자라는 단어의 무분별한 사용'이 중요한 위치를 차지하고 있다고 믿습니다. 개념화의 부작용이라고 할까요?

우리는 보통 대상을 가리키기 위해 언어를 사용합니다.

대상(선) → 언어(후)

하지만 일단 언어가 사용되기 시작하면서 거꾸로 언어가 대상을 규정하기도 합니다. 예를 들어 '왕따'라는 언어가 없을 때도 그와 유사한 현상은 있었습니다. 하지만 왕따라는 언어가 사용된 이후 도리어 수많은 왕따가 생겨났습니다. 그냥 자기표현 또는 인간관계에 서툰 일부 학생들을 어느 순간에 왕따라는 개념 안으로 몰아넣게 된 거죠.

제가 교사 생활을 시작한 지 얼마 안 됐을 때 있었던 일입니다. 이제 막 고등학교에 진학한 A는 학급 회장 후보로 출마할 만큼 활달하고 교우 관계도 좋은 학생이었습니다. 그런데 A는 언제부터인지부터 말이 없어지고 소극적으로 바뀌었습니다. 이유를 알 수 없어서 답답하던 차에 A의 어머니와 대화할 기회가 있었습니다. A는 사실 중학교 때까지 소극적이었는데, 고등학교에 입학하면서 이제부터는 새로운 삶을 살겠다고 다짐하며 활달하게 생활해 왔다고 했습니다. 그러한 의식적인 노력을 꺾은 것은 분석 지능(아이큐) 검사 결과였죠. 원래 아이큐는 학생 본인에게 공개되지 않아야 합니다. 그런데 알 수 없는 이유로 A는 자기 아이큐가 두 자릿수인 것을 확인하게 되었고 원래의 소극적인 태도로 되돌아가고 말았습니다. 자신은 다른 아이들보다 모자라기 때문에 학급 회장 같은 걸 할 자격이 없다는 판단 때문이었죠(학생 본인의 표현이 이랬습니다).

물론 아이큐가 낮은 모든 학생이 이렇게 행동하지는 않겠지만, 저는 드물지 않게 벌어지는 이런 사례가 바로 언어(개념)의 위험성을 단적으로 보여 준다고 생각합니다. 때로는 언어가 대상을 만들어 낸다고요.

언어(선) → 대상(후)

다른 과목보다 추상성과 위계성이 강해 상대적으로 공부하기 힘든 수학을 싫어하고 그것을 놓아 버린 학생들을 지칭해 수포자라고 불렀지만, 어느 순간부터 수포자라는 언어가 거꾸로 수학 학습을 포기하게 만들고 있지 않은지 생각해 보아야 합니다. '난 수포자야. 그러니까 노력해도 성적이 안 나오고 갈수록 무슨 말인지 알 수도 없는 수학은 공부하지 않을 거야.'

물론 '수포자'를 줄이려면 전문가들이 진단하듯이 교과서와 교육 방식을 바꾸고 선행 학습도 줄이고 입시 제도도 고쳐야 합니다. 이런 개선 노력은 선행 학습을 제외하면 이제 어느 정도 지속적으로 이루어지고 있습니다. 여기에 덧붙여서 수포자라는 단어를 아예 사용하지 말아야 합니다. 제가 언젠가 수학교육 세미나에서 관련 학과 교수에게 이 문제를 질의했을 때, 다행히 그는 수학교육 전문가로서 저의 '수포자 유감론'에 공감을 표했습니다. 모든 수학교육 전문가와 관련 행정가, 나아가 방송인들에게도 꼭 하고 싶은 이야기입니다. 수포자라는 단어는 퇴출되어야 합니다.

'문제 풀이'만 하는 게 문제다?

사칙연산만 할 줄 알아도 살아가는 데 지장이 없는데 왜 어려운 미적분까지 배워야 하는 거냐며, 수학이라는 학문의 근본을 문제 삼는 사람들이 있습니다. 수포자라는 말 속에는 바로 이렇게 수학이 아무짝에도 쓸모 없는 학문이라는 냉소가 깃들어 있다고 생각합니다. 여러분 같은 학생들이 공부가 너무 힘들어서 해 보는 소리이기도 하지만, 사회에 나간 성인들 중에도 이렇게 생각하는 사람들이 상당히 많죠. 제가 가장 안타까워하는 부분입니다.

'수학 무용론'은 과거에 초·중등학교의 수학 수업이 제대로 진행되지 못했기 때문에 생긴 '수학교육'의 문제이지, '수학'이라는 학문의 본질과는 아무 상관이 없습니다. 지구상의 어떤 나라도 학생들에게 사칙연산만 가르쳐서 사회로 내보내지는 않습니다. 사칙연산만 할 줄 알면 수학이 필요 없다는 주장은 마치 한글만 떼면 더 이상의 국어 교육이 필요 없다는 주장과 같습니다. 이게 말이 되는 소리일까요?

수학 교육을 비판할 때 과도한 추상성과 함께 자주 지적되는 것이 바로 '입시 위주의 문제 풀이 교육'입니다. 하지만 이 지적에도 큰 허점이 있습니다. 문제 풀이 교육이 곧 입시 위주 교육은 아니라는 점입니다.

문제 풀이 교육 ≠ 입시 위주 교육

수학에서 문제 풀이는 매우 중요합니다. 조선 시대 수학, 당시 표현으로는 산학(算學) 교재를 보면 90% 이상이 문제와 그 풀이로 채워져 있습니다. 지금과는 달리 추상성이 약한 실용적인 문제들 위주로 구성되어 있다고 해도, 공식을 적용하여 문제를 풀어낸다는 기본 틀은 같죠. 이처럼 문제 풀이는 입시 교육과 무관하며 오랜 전통을 가진 우리 수학 문화의 일부입니다.

이러한 전통에 더해 여러 수학교육 철학을 도입하고 연구하면서 새로운 수학교육 문화가 시도되었고, 1990년대 이후 우리의 학교 문화에 정착되어 가는 중입니다. 현재 초·중등학교 수학 수업은 과거와는 많이 달라졌습니다. 발표 수업, 토론 수업 등 다양한 형태의 수업이 시도됩니다. 예를 들면 새로운 개념을 도입하는 단원 첫 시간에 조별로 과제를 주고 토론을 진행한 후, 개념의 필요성을 학생들 스스로 찾아내게끔 유도하는 '거꾸로 수업'(개념 → 문제가 아니라 문제 → 개념의 순서)이 대표적이죠.

여기서 나아가 저는 가끔 수학 수업 중 자투리 시간에 학생들에게 음악을 들려주곤 합니다. 교사를 시작한 지 둘째 해부터 20여 년간 꾸준히 해 온 일입니다. 처음에 들려준 노래를 지금도 기억하는데 라디오헤드의 〈Creep〉이었죠. 스스로가 징그러운 존재라고 외치는 청년의 반어적 절규가 인상적인 노래입니다. 그 밖에 하수구에서도 맑은 울음을 그치지 않는 존재를 노래한 안치환의 〈귀뚜라미〉, 구름이 해를 가려도 해는 언젠가 다시 뜰 거라는 비틀스의 〈Let it be〉 같은 노래들을 들려주곤 했습니다. 수학 공부에 지치고 불안감에 시달리는 학생들을 위로하고 싶었던 것인데 반응은 예상보다 좋았습니다. 특히 여러분과 같은 학생들이 1960년대 비틀스 음악을 듣고 따라 부르기까지 하는 모습을 보고 느낀 바가 큽니다. 수학을 가르치고 배우기에 여러모로 어려운 환경이지만, 저와 같은 교육자들이 제대로 가르치려 노력하고 모두 함께 애쓴다면, 여러분이 수학을 어려워할지언정 불필요하다고 생각하지는 않을 거라고요. 가치 있는 것을 힘들여 습득했을 때 생기는 자존감이야말로, 교육을 통해 얻을 수 있는 가장 좋은 결과일 겁니다.

지금까지 이야기한 것처럼 '수학교육'은 앞으로 보완해 나가야 할 문제가 많지만, 그것과 싱관없이 수학이라는 학문은 명백히 인간이 만들어 낸 위대한 문화적 성취입니다. 수학은 삶의 문제를 해결해 주는 실용성을 지닌 과학이고, 놀라운 상상력을 경험할 수 있는 예술이며, 명확한 분석력과 표현력을 키울 수 있는 논리학입니다.

2부에서는 이렇게 수학을 다른 학문들과 구분되게 해 주는 빛나는 특성들을 하나하나 짚어 보도록 하겠습니다.

수학의 맛

흔히 수학은 답이 딱 떨어지는 학문이라고 말합니다. 애매하지 않고 명확한 학문이라는 의미이지만, 왠지 어렵고 딱딱한 학문이라는 느낌도 들어 있죠. 실제로 수학 문제는 다른 교과, 예를 들면 국어나 사회 교과 등의 문제들과 달리 정답을 모르더라도 예시문을 보고 머리를 굴리면서 생각을 좁혀 나가는 추론이 불가능합니다. 풀어서 답을 내거나 순수하게 찍거나, 둘 중의 하나이지 중간은 없는 겁니다. 아느냐 모르느냐, 그것이 곧 수학 문제로다(To get or to lose, that is the mathematical problem). 그런 의미에서 로또 복권 당첨의 법칙(패턴)을 찾아서 전국을 돌며 몇 년씩 헤매는 사람들은 애초에 불가능한 꿈을 꾸고 있는 셈이죠.

'모 아니면 도' 식의 특징 탓에, 다른 교과보다 수학 교과 시험을 더 부담스럽게 느낄 수도 있습니다. 하지만 요행이나 공짜가 없다는 것은 다시 말해 정직한 인과관계의 지배를 받는다는 뜻이기도 합니다.

식사를 할 때 음식을 쌓아 놓고 이것저것 막 집어 먹는 것과, 코스 요리 메뉴를 하나하나 순서대로 맛보며 음식을 즐기는 것은 전혀 다른 경험이듯이, 수학 공부도 마찬가지입니다. 수학 교과의 특징들은 수학이라는 학문, 그 지식 체계가 가진 고유한 '맛'에 기반하니까요. 수학적 지식의 특징을 제대로 이해하고 그 고유성을 그야말로 고유하게 여길 줄 안다면 수학 공부가 한층 맛있어질 수 있지 않을까요?

100%를 추구하는
유일한 학문

물리학자는 자기가 신이라고 생각하고
신은 자기가 수학자라고 생각한다. [1]
- 무명씨 -

그럴듯한 99.99%로는 부족한

수학은 털끝만큼의 오차도 허용하지 않는 유일한 학문 영역입니다. 간단한 예를 들어 볼까요? 26이라는 자연수는 특별한 성질을 가지고 있습니다. 25와 27 사이에 딱 붙어 있기 때문이죠. '그게 뭐가 특이하지?'라고 생각하는 여러분에게 다시 질문하겠습니다. 뭐가 특이한 걸까요?

$$25 < 26 < 27$$

이 수식을 한참 들여다보면 어느 순간에 양쪽에서 26을 마크하고 있는 두 수가 가진 특징을 '느낄' 수 있을 겁니다.

$$5^2 < 26 < 3^3$$

맞습니다. 26은 어떤 수의 제곱과 또 다른 수의 세제곱 사이에 딱 붙어 있습니다. 그냥 우연인 것 같으면서도 뭔가 오묘한 느낌이 들죠? 여기서 이런 질문이 생길 수 있습니다. 어떤 수의 제곱과 또 다른 수의 세제곱 사이에 붙어 있는 자연수가 26 말고 또 있을까요?

정답은 '없다'입니다. 모든 자연수 중에서 오직 26만이 그런 성질을 가지고 있습니다. 이 문제는 제가 몇 년 전 수업 시간에 재미 삼아 학생들에게 소개했던 문제인데, 정확하게 기호로 표현하면 다음과 같습니다.

자연수 x, y에 대하여

방정식 $x^3 = y^2 + 2$의 해를 모두 구하시오.

(정답: $x=3$, $y=5$)

정답을 구한 뒤에 한 학생이 손을 들어 질문을 했습니다. 수학 성적이 아주 우수한 친구였죠.

"선생님. 수가 커질수록 제곱과 세제곱의 차가 커지니까 3과 5 이상에서는 차가 2일 수가 없잖아요. 그러니까 그 수들 말고는 없는 게 당연하죠."

직관적으로 충분히 이해되는 주장입니다. 저는 훌륭한 답변이라고 말한 뒤, 그래도 정확한 증명이 있으니 궁금하면 수학과에 진학하면 알 수 있다는, 속 보이는 대답을 해 주었습니다. 이렇듯 직관적으로 아무리 그럴듯해도, 절대로 그런 일이 일어나지 않는다는 확실한 보장(100%)이 없으면 한 발자국도 나아가지 않는게 수학입니다.

자연수는 무한합니다. 모든 자연수의 제곱과 세제곱을 계산해서 둘 사이에 붙어 있는, 26과 같은 성질을 가진 수가 존재하지 않는다는 결론에 도달할 순 없다는 얘기죠. 그렇다면 무슨 근거로 이 같은 확신을 할 수 있을까요? 모든 대상을 한 손에 감싸 쥐고 다룰 수 있는 마법, 바로 증명(연역)을 통해서입니다. (엄밀히 말해 증명은 연역과 구분되는 개념이지만 수학에서는 같은 의미로 사용합니다.) 증명은 수학이라는 지식 체계를 가능하게 하는 핵이라고 할 수 있습니다. 그런데 증명을 가능하게 하기 위해서는 전제(조건)가 필요합니다. 아주 쉬운 예를 들어 보겠습니다.

방정식 $2x+1=7$의 해를 구하시오.

여러분은 $x=3$을 어렵지 않게 구할 수 있을 겁니다. 하지만 정말로 그것 말고는 주어진 방정식을 만족하는 수가 없을까요? 직관을 정당화할 수 있는 논리적 장치, 죽었다 깨어나도 3 말고는 답이 없다는 확실한 근거가 필요합니다. 이 방정식의 해를 구하는 과정은 다음과 같습니다.

$$2x+1=7$$
$$\Longleftrightarrow (2x+1)-1=7-1 \text{ (양변에 같은 수 빼기)}$$
$$\Longleftrightarrow 2x+(1-1)=7-1 \text{ (덧셈의 결합법칙 적용) } (a+b)+c=a+(b+c)$$
$$\Longleftrightarrow \frac{1}{2}\times(2x)=\frac{1}{2}\times 6 \text{ (양변에 같은 수 곱하기)}$$
$$\Longleftrightarrow \left(\frac{1}{2}\times 2\right)x=\left(\frac{1}{2}\times 6\right) \text{ (곱셈의 결합법칙 적용) } (ab)c=a(bc)$$
$$\Longleftrightarrow x=3 \text{ (정답)}$$

요컨대 주어진 방정식의 답이 다른 수를 배제하고 $x=3$으로 확정되기 위해서는 다음 전제 조건이 있어야 합니다.

① 두 수가 같을 때, 양변에 같은 수를 더하거나 곱해도 결과는 항상 같다.
② 더하기와 곱하기를 할 때, 결합법칙(associative law)이 항상 성립한다.

간단한 일차방정식조차도 이 같은 메커니즘이 전제되지 않고는 답을 구하기가 불가능하다는 것, 이것이 바로 대수학(algebra)의 중요한 발견입니다. 대수학의 역사는 이 밖에도 교환법칙(commutative law), 분배법칙(distributive law), 항등원(identity element), 역원(inverse element) 등 중요한 개념(전제)을 발견하고 공식화했습니다. 고등학교 수학 교과서 제일 처음에 이들이 나오는 이유죠.

선생님, 이번 시험에 증명 나와요?

일부 다항방정식(일차, 이차, 삼차, 사차 방정식)은 위와 같은 전제들을 통해 충분히 답을 구할 수 있습니다. 실제로 고등학교 교과서에서는 그중에서도 다루기 쉬운 특정한 형태들만 제시하고 있죠. 하지만 오차방정식을 풀려면 군(group)이라는 개념이 필요합니다. 군은 교환법칙, 결합법칙, 분배법칙, 항등원, 역원이라는 기본 개념에서 한 단계 더 올라간 근본적인 개념으로, 수많은 역사적 시행착오를 거쳐 19세기 초반이 되어서야 비로소 사유의 수면 위로 올라올 수 있었습니다. 그래서 이 개념은 대학교에서 수학을 전공하는 학생들이 (고학년에 가서야) 배우게 되죠.

앞에서 만났던 방정식 $x^3 = y^2 + 2$의 자연수 해 구하기도 마찬가지입니다. 자연수는 고유한 성질을 가지기 때문에 해를 구하는 과정도 일반 실수해나 복소수해를 구하는 과정과 구분됩니다. 그래서 자연수 해(또는 정수해)를 구하는 방정식을 별도로 디오판토스 방정식(Diophantine equation)이라고 부릅니다. 이 방정식의 해를 구하기 위해서는, 그러니까 $x = 3, y = 5$만이 유일한 정답이라는 결론에 도달하기 위해서는 배수의 개념을 확장한 아이디얼(ideal)이라는 새로운 개념이 필요합니다.

요컨대 수학은 이처럼 많은 전제들을 충충이 밟아 가며 증명을 통해 100%를 달성해 내는 유일한 학문입니다. 다시 말해 100%를 획득하는 과정이 곧 증명 과정이며, 증명은 다음의 절차로 이루어집니다.

전제 → 결론

100%의 결론은 전제에 의존하며, 여기에는 두 가지 의미가 있습니다.

① 전제와 분리되어 무조건 성립하는 진리는 어디에도 없다.
② 문제를 제대로 해결하려면 전제(조건)를 잘 이해해야 한다.

문제를 만나면 항상 전제를 살펴야 합니다. 공기처럼 당연하게 여기고 인지하지 못했던 전제들을 대상화하여 감지해 내는 것, 전제와 연결된 공식과 개념들을 제대로 찾아서 시작점으로 삼는 것이 증명으로 나아가는 길입니다. 수학에서 말하는 증명(100% 해결 미션)이란 명확한 전제로부터 정확한 논리적 추론을 통해 확실한 결론에 도달하는 것으로, 이는 곧 모든 학문의 전형이기도 합니다.

고등학교에 올라온 학생들이 첫 중간고사를 치를 때가 되면 예외 없이 늘 하는 질문이 있습니다.

"선생님. 이번 수학 시험에 증명 문제 나와요?"

고등학교 수학이라는 고해(苦海)에 발을 디딘 후 첫 시험에 대한 부담은 여지없이 증명에 대한 공포였던 거죠. 제 학창 시절을 생각해 봐도 수학 외의 과목에서 증명 문제가 나온 적은 없었습니다. 학생들이 증명 문제를 고통스러워하는 이유는 하나뿐입니다. 교과서의 (이해할 수 없는) 문제 풀이 과정을 죄다 암기해야 하기 때문입니다. 그러니까 증명 문제가 시험에 나오느냐는 학생들의 질문은 다음과 같이 번역될 수 있습니다.

"선생님. 교과서 문제 풀이 과정을 모두 암기해야 하나요?"

'교과서와 문제집의 그 많은 문제를 풀기도 벅찬데 과정까지 암기하라니, 이거야말로 정서적 학대 아닌가요? 그러니까 제발 증명 문제는 절대로 절대로 내지 말아 주세요!'라는 외침을 담고 있는 질문이죠. 하지만 이 외침에는 수학에 대한 근본적인 오해가 담겨 있습니다. 다음 장에서는 두 가지 종류의 수학을 대비해 보면서 이 오해에 대해 생각해 보겠습니다.

세상에서 가장 오래된
퍼즐 게임

우리는 알아야만 한다.
우리는 알게 될 것이다.
- 힐베르트의 묘비문 -

수학의 '넥스트 레벨'

대학 시절 수학을 가르쳐 주셨던 제 은사님 한 분이 몇 년 전 '이집트 수학과 그리스 수학'을 대비해 한국의 초·중·고 수학교육을 비판한 적이 있습니다. '파피루스로 대표되는 이집트 수학, 즉 공식대로 풀어서 답을 내는 알고리즘으로서의 수학' vs '《원론》으로 대표되는 그리스 수학, 즉 증명을 거쳐 확실한 결론에 도달하는 지식으로서의 수학'을 대비한 거죠. 그러면서 현재 한국의 수학교육 문화가 기본적으로 이집트 수학을 깔고 있다고 규정했습니다. 조금 더 자세히 살펴볼까요?

이집트 수학은 크게 두 가지 의미를 담고 있습니다.

① 수학은 실제적 문제를 해결하는 실용적 학문이다.

② 수학은 공식을 암기한 후, 문제에 적용하여 답을 끌어내는
과정이다.

여기서 실제적 문제란 개인의 일상적 문제와 더불어 국가 사회적 문제까지 포괄합니다. 그리고 ①과 ②는 서로 연결되어 있습니다. 우선 실제적 문제를 해결해야 하므로 과정보다 답이 중요합니다. 100%가 아니라도 비슷하게 성립하면 얼마든지 훌륭한 답이 될 수 있다는 뜻이죠. 이런 사고가 극단적으로 뻗어 가면 '사칙연산만 제대로 할 줄 알면 되지 미적분이 살아가는 데 왜 필요한지 모르겠다'와 같은 넋두리 아닌 넋두리가 되는 겁니다. 국가 사회적 문제는 소수의 전문가에게만 맡겨 놓으면 되니까요. 만약 여러분도 이렇게 생각해 왔다면, 교사가 $x^3 = y^2 + 2$의 정답이 왜 $x = 3$, $y = 5$밖에 없는지 생각해 보자고 이야기했을 때, 별로 궁금하지 않을 가능성이 큽니다.

물론 수학의 정리가 물리학이나 경제학 등 과학 영역에 적용

될 때는 오차가 발생할 수 있으므로 100%를 고집할 수는 없습니다. 하지만 이것은 학문 영역 간의 차이일 뿐, 수학적 진리의 특성과는 무관하죠.

'공식 암기-답 구하기'라는 수학관이 잘못되었다는 주장을 하려는 것이 아닙니다. 이것 또한 엄연한 수학의 한 모습이며 오랜 시간 동안 유지되어 온 수학 문화니까요. 하지만 적어도 고등학교에 입학할 학생이라면 여기에서 멈춰서는 안 된다고 말하고 싶습니다. 이집트 수학은 수학의 한 모습일 뿐이고, 우리는 이보다 수준 높은 수학으로 올라가야 합니다. 바로 증명에 기반을 둔 그리스 수학입니다. 그리스 수학은 다음의 두 가지 특징을 가집니다.

① 수학은 누구도 의심할 수 없는 확실한 결론을 얻기 위한 지적 노력이다.
② 수학의 진리는 증명을 통해 달성된다.

수학을 뜻하는 단어 mathematics의 그리스 어원은 mathesis 인데 이는 배움(learning) 또는 정신적 수련(mental discipline)이라는 뜻을 담고 있습니다. 어원 그대로 수학이 다른 학문에 적용되는 근원적 진리로 인정받는 인류의 보편적 문화유산으로 자리매김한 이유는 증명이라는 과정의 발명 때문이죠. 간단한 증명 문제 두 가지를 풀면서 그리스 수학을 느껴 보도록 합시다.

_____ 문제 1 _____

2552와 같이 앞뒤 어느 방향으로 읽어도 같은 수가 되는 수를 대칭수(회문수)라고 한다. 모든 네 자리 대칭수가 11로 나누어짐을 증명하시오.

$$2552 \div 11 = 232$$
$$1331 \div 11 = 121$$
$$4554 \div 11 = 414$$

모든 네 자리 대칭수가 11로 나누어진다는 것은 아마도 사실인 것 같습니다. 이런 식으로 모든 네 자리 대칭수를 11로 나누어 볼 수도 있겠지만 그러기에는 경우가 너무 많죠. 단 한 번의 절차로 증명하는 것이 우리의 목적입니다. 우리는 이 문제를 다음과 같이 증명할 수 있습니다.

네 자리 대칭수는 $ABBA$ 형태이며 그 값은

$ABBA = 1000A + 100B + 10B + A$이다.

이 식을 다음과 같이 변형하여 목적을 달성할 수 있다.

$$ABBA = 1000A + 100B + 10B + A$$
$$= (1000A + A) + (100B + 10B)$$
$$= 1001A + 110B$$
$$= (11 \times 91)A + (11 \times 10)B$$
$$= 11(91A + 10B) \text{ (증명 끝)}$$

물론 고대 그리스에서 현대와 같은 문자식을 사용하지는 않았지만, 그리스 수학이 계산이 아니라 '증명하는' 수학이라는 점을 이해하면 됩니다. 이 문제에 당장 실용적인 의미를 부여하기는 어려울 수 있습니다. 하지만 전제로부터 보편적이고 필연적 결론이 도출될 수 있는지를 따지기에는 의미가 충분한 문제죠.

2,000년을 이어져 온 증명의 힘

수학에서 '증명'은 오랜 역사를 갖고 있습니다. 특히 유클리드의 『원론』은 증명 문제를 다룬 인류 최초의 교과서로 알려져 있습니다. 서구에서 성경 다음으로 많이 인쇄되었으며 2,300년이 넘는 시간 동안 확실한 지식의 기준으로 군림해 온 위대한 수학 교과서죠. 『원론』 4권의 다섯 번째 정리와 관련된 다음 문제를 볼까요?

문제 2

삼각형의 세 수직이등분선이 반드시 한 점에서 만남을 증명하시오.

이 문제는 삼각형에서 특정한 조건을 만족하는 점이 유일하게 '존재한다'는 것을 말하고 있습니다. 그림으로 나타내면 다음과 같습니다.

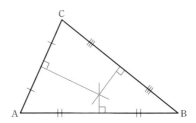

삼각형 ABC에서 $\overline{AB}$와 $\overline{AC}$의 수직이등분선들의 교차점을 P라고
하자.

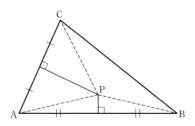

점 P는 $\overline{AB}$의 수직이등분선 위에 있으므로 $\overline{AP}=\overline{PB}$가 된다.

··· ① (삼각형의 합동 성질)

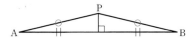

또한 점 P는 $\overline{AC}$의 수직이등분선 위에 있으므로 같은 이유로
$\overline{AP}=\overline{PC}$가 된다. ···② (삼각형의 합동 성질)

①, ②로부터 $\overline{PB}=\overline{PC}$를 얻는다. 삼각형의 합동 성질로부터 점
P는 $\overline{BC}$의 수직이등분선 위에 있어야 함을 알 수 있다. 그러므로
삼각형 ABC의 세 변 AB, AC, BC의 수직이등분신의 교점은 P
하나로 유일하게 존재한다. (증명 끝)

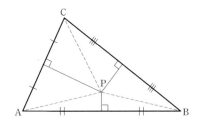

여러분이 중학교 2학년 이상이라면 이 내용을 '삼각형의 외심 증명'으로 이미 접해 봤을 겁니다. 이러한 증명이 몇천 년 전 사람들 책에도 등장한다니 신기하죠?

증명 문제 1번(대수)과 2번(기하)은 언뜻 전혀 달라 보이지만 해결 과정은 보다시피 같습니다. 조건(전제)에서 출발해, 당연해 보이는 사실들을 연결하여, 필연의 줄을 타고, 결코 당연해 보이지 않는 결론에 도달하는 여정인 거죠. 그 필연성, 즉 다른 가능성을 차단하는 확실한 사유의 길을 발견하고 또 발견하여 누구도 부인할 수 없는 명확한 해답에 도달하는 지적 재미가 증명의 핵심입니다.

물론 전제를 이용하는 과정에서 전제와 연결된 다른 개념이나 공식(넓은 의미에서 전제에 포함시킬 수 있는 정보들)을 불러와 사용할 수 있어야 합니다. 앞으로 찬찬히 함께 연습해 보며 느끼겠지만 이것은 훈련과 연습으로 달성할 수 있습니다.

수학을 전제에서 출발해 필연의 줄을 타고 떠나는 여정이라고 한다면, 수학자들은 누구도 발견하지 못한 길을 찾아내어 우리가 전혀 알지 못했던 미지의 세계로 우리를 안내하는 사람들과 같습니다. 우리가 날마다 답을 구하는 방정식 문제와 추론을 하는 도형 문제는 모두 증명 문제입니다. 아니, 계산 문제까지 포함해 모든 수학 문제가 사실상 증명 문제라고 할 수 있죠.

위대한 수학자 힐베르트는 증명은 주어진 전제만을 이용해서 결론을 만들어 내는 일종의 게임이라고 했습니다. 그림 맞추기 퍼즐에서 조각 그림을 가지고 이리저리 맞추는 연습을 하다 보면, 나중에는 멀리 떨어져 있는 조각들이 동시에 눈에 들어오며 전체 그림이 머릿속에 그려지죠. 증명도 마찬가지입니다. 증명을 너무 무겁게 생각하지 말고 쉬운 문제들부터 시작해서 꼬리에 꼬리를 물고 이어지는 사유의 재미를 만끽하기를 바랍니다. 수학의 증명은 정직한(전제만을 사용한다는 의미에서) 퍼즐 게임, 바로 그 자체니까요.

수학은 규칙을 정해 놓고 하는 게임이다.
- 힐베르트(1862~1943)

과학을 '기술'에서
'학문'으로 끌어올리다

수학은 과학의 여왕이다.
- 가우스 -

노벨 수학상이 없는 '진짜' 이유

여러분도 노벨상에 대해 잘 알고 있을 겁니다. 노벨상은 물리학, 화학, 생리의학, 경제학, 문학, 평화의 6개 영역으로 구성되어 있습니다. 맞습니다. 유독 '수학'만 빠져 있죠. 왜 '노벨 수학상'은 없는가 하는 주제로 검색을 해 보면 주로 다음과 같은 이야기가 나옵니다.

노벨상을 만든 노벨이 살아 있을 당시, 그의 모국인 스웨덴에 뢰플러라는 유명한 수학자가 있었습니다. 어쩐 일인지 노벨과 불편한 관계였다고 하고요. 뢰플러는 당시 국제적으로 알려진 유능한 수학자였기 때문에 만약 노벨상에 수학 영역을 만들면 뢰플러가 수상을 할 가능성이 높았죠. 그게 아니더라도 노벨이 뢰플러와 논의를 한다든지 그의 의견을 묻는다든지 해야 하는 상황이 발생할 게 분명했습니다. 그래서 노벨이 노벨상에서 아예 수학 영역을 제외했다는 이야기입니다.

재미있지만 근거 없는 낭설입니다. 노벨상에 수학 영역이 없는 이유는 수학이라는 학문이 가진 특성, 바로 증명 때문입니다. 수학의 증명은 전제로부터 결론으로 가는 순수한 논리적 연결이라고 했죠. 여기에는 '실험'이 설 자리가 없습니다. 경험으로 검증하는 것은 수학석 진리를 구성하는 것과는 무관합니다. 전제를 구성할 때 경험이 일정 부분 기여할 수는 있지만, 결론을 도출할 때는 오로지 추상적 논리(연역)에만 의존하니까요. 이에 반해 노벨상은 실험이라는 통과 의례를 거쳐 경험적 사실로 확인된 진리의 발굴자에게만 수여하는 상입니다. 이는 아마도 노벨이 공업화학을 공부했다는 사실과 관련이 있을 겁니다(노벨은 다이너마이트를 발명한 사람입니다).

이러한 이유 때문에 노벨싱을 놓친 대표적인 학자가 바로 아인슈타인입니다. 아인슈타인은 1921년에 이론 물리학에 대한 공로, 특히 광전 효과의 발견으로 노벨상을 수상하긴 했지만, 우리가 잘 알고 있는 '상대성이론'으로는 노벨상을 받지 못했거든요. 1905년에 발표한 해당 논문에서 그는 일정한 속도로 움직이는 물체에 적용되는 시간 지연 공식을 수학적인 증명 과정을 거쳐 제시했습니다.

$$t = \frac{t_0}{\sqrt{1 - \dfrac{v^2}{c^2}}}$$

t_0: 정지 상태의 시간
v: 물체의 속도(일정)
c: 광속(일정)
t: 운동 상태의 시간

이 공식은 현재 중학교 3학년에서 배우는 피타고라스 정리만을 이용하여 논리적으로 완벽하게 연역해 낼 수 있습니다. 시간의 흐름이 속도에 따라 달라진다는, 획기적이면서도 수학적으로 완벽한 이론인 특수상대성이론으로 아인슈타인이 노벨상을 받지 못한 이유는(이후에 등속이라는 제한이 사라진 일반상대성이론으로도 못 받았죠), 이 이론을 실제로 검증할 수가 없었기 때문입니다. 이론에 따르면 빛의 속도 근처로 가야만 실제로 의미 있는(관찰 가능한) 시간 지연이 생기거든요. 예를 들어 $v = 0.8c$ (광속의 80%)로 달리는 우주선 안의 시간 t는 다음과 같이 계산됩니다.

$$t = \frac{t_0}{\sqrt{1 - \frac{(0.8)^2}{c^2}}} = \frac{5}{3}t_0$$

이에 따르면 정지했을 때보다 시간이 1.67배 정도 느리게 흐른다는 말이죠. 하지만 논문이 발표된 20세기 초는 물론이고 지금까지도 광속의 80% 정도로 빠르게 움직이는 피사체를 만들수는 없기 때문에, 공식이 '실제로' 맞는지 확인할 길이 없습니다. 이처럼 이론이 아무리 그럴듯하고 중대한 의미가 있어도 실험을 통해서 사실로 확인되어야(보고 듣고 만지고 맛보고…) 가치를 부여하는 상이 노벨상인 겁니다. 수학이라는 학문과는 근본적으로 거리가 먼 상인 셈이죠.

이 같은 수학의 학문적 개성 때문에 수학자들은 노벨위원회에 수학 영역을 만들어 달라는 운동을 벌이는 대신, 필즈 메달(Fields Medal)이라는 새로운 상을 만들었습니다. 2022년 여름, 한국계 미국인 수학자 허준이 교수가 수상하면서 국내에도 널리

아르키메데스의 부조로 디자인된 필즈 메달

알려졌죠. 1년에 한 번 수여하는 노벨상과는 달리 필즈 메달은 4년에 한 번 수여하기 때문에 그만큼 받기가 더 어려운 상입니다. 노벨상과 마찬가지로 국가나 민족, 인종, 나이를 불문하고 '인류에 대한 기여'라는 보편성을 부여한 의미 있는 상이고요. 그런 면에서 수학이라는 학문의 특징에 가장 부합하는 상이 아닐까 싶습니다.

지극히 수학적인 물리학 이론인 상대성이론은 좀 더 시간이 흐른 후, 천문학자 에딩턴의 매우 기발한 실험을 통해 검증을 받은 후에야 공식적으로 인정받게 됩니다. 그렇다면 추상적인 학문인 수학은 어떤 과정을 거쳐 실제적인 학문인 과학에 응용되는 걸까요? 고등학교 수학에서 배우는 복소수(complex number)의 사례를 통해 이를 살펴보겠습니다.

허수와 복소수가 열어젖힌 놀라운 세계

르네상스 시기 유럽에서 가장 앞선 문화를 자랑하던 이탈리아에서는 '삼차방정식의 근의 공식'을 구하는 문제가 수학자들의 관심을 끌었습니다. 이차방정식과는 달리 삼차방정식의 근의 공식은 발견하기가 쉽지 않았기 때문에 모두 그 답을 궁금해했죠. 이 문제는 우여곡절을 거쳐 걸출한 두 학자의 노력으로 16세기에 와서야 완벽하게 극복됩니다. 그들의 이름은 카르다노와 타르탈리아입니다.

수학사 책들을 보면 이 두 사람이 삼차방정식의 해법을 둘러싸고 우선권 싸움을 벌인 이야기들이 드라마틱하게 나와 있습니다(주로 카르다노가 아이디어를 훔친 악역으로 묘사됩니다). 상당 부분 사실이고 두 사람 사이가 좋지 않았던 것도 맞습니다. 하지만 수학사적 관점에서 보면 두 사람의 (의도하지 않은) 협력으로 인해 문제가 근본적으로 해결되었다고 보는 편이 합당합니다. 마치 한국 역사에서 정도전과 이방원의 관계 같달까요? 조선 개국 초기에 두 사람이 정치적으로 대립했고 그 결과로 정도전이 살해당하는 일까지 빚어졌지만 결국 두 사람의 역할 분담으로 왕조의 기틀이 확립된 것과 마찬가지니까요.

카르다노는 모든 삼차방정식을 이차항이 없는 간단한 모양으로 변형할 수 있다는 사실을 발견했습니다. 그렇게 이차항이 소거되어 간단해진 방정식에 타르탈리아 공식을 적용하여 (실수)해를 구할 수 있었습니다.

$$ax^3 + bx^2 + cx + d = 0$$

$$\Longleftrightarrow x^3 + px + q = 0 \text{ (카르다노 변환)}$$

$$\Longleftrightarrow x = \sqrt[3]{-\frac{q}{2} + \sqrt{\frac{q^2}{4} + \frac{p^3}{27}}} + \sqrt[3]{-\frac{q}{2} - \sqrt{\frac{q^2}{4} + \frac{p^3}{27}}}$$

(타르탈리아 공식)

어떤 삼차방정식이 주어져도 기계적으로 실수해를 구할 수 있는 공식을 찾아낸 겁니다. 그런데 사실 실생활은 물론이고 자연과학 영역에서조차 삼차방정식을 사용하는 경우는 거의 없었습니다. 스마트폰을 사용하는 지금까지도 마찬가지고요. 그러니 삼차방정식의 근의 공식은 순전히 지적 호기심에서 출발한 논리적 성취인 셈입니다.

그런데 진짜 문제는 그다음에 발생했습니다. 시간이 흘러 17세기에 이탈리아 출신인 봄벨리라는 수학자가 어느 삼차방정식에 근의 공식을 적용해 보니 이상한 결과가 나온 겁니다.

$$x^3 - 15x - 4 = 0$$
$$\Longleftrightarrow x = \sqrt[3]{2 + 11\sqrt{-1}} + \sqrt[3]{2 - 11\sqrt{-1}}$$

정답 안에 $\sqrt{-1}$이 버젓이 들어 있죠? 양수의 제곱은 양수, 음수의 제곱도 양수, 0의 제곱은 0이므로 모든 실수는 제곱하면 0 이상이 됩니다. 그러니 제곱해서 음이 되는 $\sqrt{-1}$은 존재할 수 없는 수입니다. 그렇다면 저런 황당한 수를 답(실수해)이라고 말하는 카르다노-타르탈리아 공식이 잘못된 걸까요? 아니면 이 공식은 제곱근 내부에 음수가 나오지 않는 조건에서만 성립하는 걸까요?

많은 사람이 그렇게 생각했습니다. 인지부조화를 일으키는 대상이 나타났을 때, 그 대상만 '예외'로 규정해서 내버리면 기존 질서를 지킬 수 있기 때문이죠. 하지만 봄벨리는 달랐습니다. 애초에 카르다노와 타르탈리아가 근의 공식을 만들 때, 특별한 제한 규정이 없었기 때문입니다. 그러니 결과물이 낯설다고 해서 분명한 이유 없이 버릴 수는 없었죠. 분명히 저 수에는 뭔가 의미가 있다고 생각했습니다. 그는 일단 생경한 $\sqrt{-1}$을 실수와 똑같이 취급해서 더하고 빼고 곱했습니다. 세제곱해서 $2+11\sqrt{-1}$이 되는 어떤 수를 그와 비슷한 형태인 $a+b\sqrt{-1}$로 두고 그 계수인 a, b를 찾으려고 시도한 겁니다.

$$(a+b\sqrt{-1})^3=(a^3-3ab^2)+(3a^2b-b^2)\sqrt{-1}=2+11\sqrt{-1}$$

이는 결국 연립방정식 $a^3-3ab^2=2, 3a^2b-b^2=11$을 푸는 문제였습니다. 정수해가 있을 거라 생각한 그는 몇 번의 계산 후,

$a=2, b=1$을 찾아냅니다.

$$(2+\sqrt{-1})^3=2+11\sqrt{-1}, \ \text{즉} \ \sqrt[3]{2+11\sqrt{-1}}=2+\sqrt{-1}$$
$$(2-\sqrt{-1})^3=2-11\sqrt{-1}, \ \text{즉} \ \sqrt[3]{2-11\sqrt{-1}}=2-\sqrt{-1}$$

이 계산 결과는 다음과 같은 놀라운 결론으로 이어집니다.

$$x^3-15x-4=0$$
$$\Longleftrightarrow x=\sqrt[3]{2+11\sqrt{-1}}+\sqrt[3]{2-11\sqrt{-1}}$$
$$\Longleftrightarrow x=(2+\sqrt{-1})+(2-\sqrt{-1})$$
$$\Longleftrightarrow x=4$$

실제로 $x^3-15x-4=0$에 $x=4$를 대입하면 양변이 정확히 일치합니다. 괴물로 취급당해 버려질 뻔했던 $\sqrt{-1}$는 봄벨리에 의해 의미 있는 수일 수도 있다는(그 자체는 의미가 없을지 몰라도 실수해를 구하게 해 주는 연결 통로 역할) 평가를 받아 기적적으로 살아남게 됐습니다. 그가 허수($i=\sqrt{-1}$, $i^2=-1$)의 발견자로 수학사에 영예로운 이름을 남길 수 있었던 이유죠.

그럼 허수가 대수만이 아니라 기하학적으로도, 즉 도형이나

공간으로도 표현될 수 있을까
요? 이게 가능하지 않았다면,
허수가 수학 세계의 당당한 일
원으로 인정받기는 어려웠을
겁니다. 시간이 흘러 드무아브
르, 오일러, 베셀, 아르강, 가우
스, 해밀턴 같은 여러 수학자가
새로운 수 $i=\sqrt{-1}$의 기하학적

해석을 확립했습니다. 19세기의 일입니다. 그들의 해석을 거쳐
우리가 지금 복소수라고 부르는 수 $a+bi$(a, b는 실수)가 탄생했
습니다. 복소수는 실수(a)와 허수(bi)가 합쳐진 수로, 2차원 평면
위의 점으로 표현됩니다. 그러니까 복소수를 가지고 덧셈, 뺄셈,
곱셈, 나눗셈을 한다는 건, 즉 평면 위에서 점들을 '움직이는' 것
과 같죠.

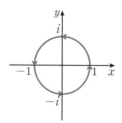

$i^2=-1$의 기하학적 해석

$$1 \xrightarrow[90°]{\times i} i \xrightarrow[180°]{\times i} -1 \xrightarrow[270°]{\times i} -i \xrightarrow[360°]{\times i} 1$$
$$(1,0) \qquad (0,1) \qquad (-1,0) \qquad (0,-1) \qquad (1,0)$$

$$a+bi=a(1,0)+b(0,1)=(a,0)+(0,b)=(a,b)$$

$a+bi$: 더하고 빼고 곱하고 나눌 수 있다.

$\Longleftrightarrow (a,b)$: 전후좌우로 움직일 수 있다.

이런 해석으로부터 가우스는 대수학의 기본 정리라 불리는, 방정식에서 가장 중요한 정리를 증명하게 됩니다.

〈대수학의 기본 정리(Fundamental Theorem of Algebra)〉

임의의 방정식 $a_nx^n+a_{n-1}x^{n-1}+\cdots+a_1x+a_0=0$은 복소수 범위 내에서 반드시 해(답)를 가진다.

복소수를 인정하면 어떤 방정식이든 반드시 답이 존재하게 됩니다. 여기까지 오면 복소수가 억지로 기존 체계에 욱여넣은 괴짜가 아니라 필연적이고 보편적인 의미를 가진 그 무엇으로 느껴지죠.

이처럼 수를 평면 위를 움직이는 점으로 간주할 수 있다는 전제를 통해 복소수는 전기장과 자기장이라는 장(field)의 계산과 예측에 사용되었고, 크기와 방향을 계산하는 역학의 연구에도 사용되었습니다. 전기·전자공학과 양자역학에서 복소수는 반드시 필요한 도구죠. 이것은 타르탈리아도 봄벨리도 가우스도, 아니 그 어떤 수학자도 예상하지 못한 일입니다. 허수의 발견과 복소수의 개념화 과정, 그리고 이것을 과학에 응용해 온 역사는 어떤 수학 개념이 발생하고 자리를 잡는 과정의 모범을 보여 준다고 할 수 있습니다.

수학은 과학의 필요조건

과학을 물리학이나 화학과 같은 좁은 의미의 자연과학이 아니라, '인간과 세계를 합리적으로 해석하고 문제를 해결하려고 노력하는 모든 학문'이라고 포괄적으로 정의한다면, 수학은 모든 과학의 필요조건이라고 할 수 있습니다. 과학은 수학적 사유 방법을 기본 틀로 하고 수학적 사유의 결과를 사용함으로써만 비로소 (기술을 넘어선) '학문'일 수 있죠.

복소수의 역사가 보여 주듯이 수학의 시작은 확실치 않은 직관과 호기심입니다. 이러한 직관과 호기심의 대상 중에서 중요한 (보편적인) 의미를 가진다고 판단되는 것들은, 시간이 지나면서

많은 사람의 노력을 통해 체계를 갖춘 개념으로 진화하게 됩니다. 추상의 세계에서 존재성을 확보하게 되는 거죠. 이 개념이 과학의 어떤 영역에서 어떻게 사용되는가는 처음부터 정해져 있는 것이 아니라 향후 인간 세계의 역사 전개에 따라 달라집니다.

예를 들어 19세기 초에 갈루아는 오차방정식의 불가해성을 증명하는 과정에서 군론(group theory)을 정립했습니다. 군론은 나중에 결정학과 분자생물학 등 과학의 여러 영역에 필수 이론으로 사용되죠. 갈루아가 들으면 깜짝 놀랄 얘기입니다. 역시 19세기에 리만은 기하학 체계를 공리적으로 통합하는 과정에서 비유클리드 기하학을 구성해 냈습니다. 몇십 년 후 아인슈타인은 이것을 일반상대성이론에 응용하는데, 이 또한 전혀 예상치 못한 결과입니다.

이를 옷과 사람의 관계에 비유할 수 있습니다. 일상의 세계에서는 사람(대상)이 먼저 있고 그 사람에게 맞는 옷(개념)이 뒤따르죠.

사람(대상) → 옷(개념)

하지만 학문의 세계는 이러한 상식을 뒤집습니다. 복소수와 군론, 그리고 비유클리드 기하학의 예시처럼 수학자들이 개념을 먼저 만들어 놓으면 그 개념에 맞는 실제적 대상이 나중에 어디선가 나타나는 셈입니다. 마치 옷을 먼저 만들어 놓으면 그 옷에 딱 어울리는 사람이 불쑥 문을 열고 들어오는 것처럼 말이죠(다행히 수학자들이 재미로 아무 옷이나 막 만들지는 않습니다).

옷(개념) → 사람(대상)

다시 강조하건대 수학은 추상 세계의 진리입니다. 아니, 학문이라는 것 자체가 추상 세계에서 시작한다고 할 수 있죠. 추상 세계에서 성립하는 진리는 오직 사유를 통해서만 접근할 수 있습니다. 그리고 사유를 통해 형성된 개념에 의지해야만 무한한 실제 상황에 대응할 수 있도록 다양한 응용이 가능해집니다. 우리가 눈으로 볼 수도 귀로 들을 수도 없는 전자기 현상을 복소수로 정확히 계산해 낼 수 있는 것처럼요. 헌법을 구성하는 추상적인 문구를 해석해, 일상에서 벌어지는 복잡다단한 분쟁과 갈등을 계산해 내는 것도 마찬가지고요. 그렇다면 이러한 일들을 가능하게 하는 추상적 사고력은 어떻게 길러지는 걸까요?

추상화와
상상력

추상화란 서로 다른 대상에
같은 이름을 붙이는 기술이다.
- 푸앵카레 -

이미 있는 것을 '낯설게' 보기

다음 세 가지 식의 공통점을 찾아볼까요?

① $(2+3i) \times (1-5i) = 17-7i$

② $\{1, 2, 3\} \cap \{3, 4, 5, 6\} = \{3\}$

③ 호랑이 ＊ 사자＝라이거

정답은 '두 가지 대상으로 새로운 하나의 대상을 만들어 내는 것'입니다. 이를 다음과 같은 기호로 표현할 수 있습니다.

$$a \ast b = c$$

 싱겁게 느껴질 수 있겠지만 우리가 방금 해낸 일이 바로 추상
화입니다. 개념화라고도 부르죠. 추상화를 하고 나면 곱하기(×)
와 교집합(∩)과 교배(＊)는 모두 연산(operation, ＊)의 특수한 사
례가 되어 버립니다. 이처럼 우리는 추상화를 통해 서로 다른 대
상을 하나로 볼 수 있는 새로운 관점을 얻습니다. 또 연산은 꼭
수와 수 사이에서만 하는 게 아니라는 결론을 통해서 보다 넓은
대상으로 그 범위를 확장할 수도 있죠. 프랑스의 수학자 푸앵카
레는 도형(곡면)의 연결을 연산으로 해석했습니다.

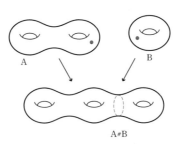

두 곡면의 연속합[2]

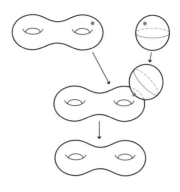

구면과 다른 곡면의 연속합[3]

$$A\#O=O\#A=A$$

이렇게 정의된 연산(#)을 통해 보다 단순하면서도 근본적인 관점에서 도형의 구조를 계산할 수 있는 길이 열렸습니다. 이렇게 도형의 연결 관계를 대수적 연산으로 새롭게 정의하여 곡면의 구조를 계산해 내는 수학을 대수적 위상수학(Algebraic Topology)이라고 부릅니다. 대수적 위상수학은 일반 공간의 구조를 계산하는 도구를 제공하여, 나중에 우주의 기하학적 구조를 탐구하고 계산해 내는 수학으로 발전하게 되죠.

서로 다른 대상들을 동일한 그 무엇의 표현으로 보는 것은 일상적 감각을 넘어서는 상상의 영역이기도 합니다. 즉, 추상화는 상상을 동반합니다. 상상할 수 있는 사람이 개념화도 할 수 있는 거죠. 이때 상상력은 새로운 대상을 생각해 내는 능력이기보다는 익숙한 대상을 '낯설게 바라보는' 능력입니다. 저는 모든 창조적인 생각이 여기에서 비롯한다고 믿습니다.

뉴턴은 사과나무에서 사과가 떨어지는 익숙한 모습을 보면서, 그보다 훨씬 무거운 달은 왜 땅으로 떨어지지 않는가 하는 문제의식을 가졌습니다. 그리고 사실은 달도 사과도 모두 지구로 떨어진다는 결론에 도달했습니다. 하지만 달도 지구도 모두 움직이기 때문에, 달은 지구와의 만남(충돌)에 계속 실패하면서 영원히 낙하를 반복한다는 것이었죠. 이 관계를 지구와 태양에 적용하면 지구의 공전이 설명되고, 우주 전체에 적용해 만유인력이라는 이론이 만들어진 겁니다.

다윈은 같은 종의 새들의 부리 모양이 서로 다른 걸 보면서 '자연선택'이라는 아이디어를 떠올렸습니다. 그것을 인간에게도 예외 없이(용기 있게) 적용함으

1. Geospiza magnirostris   2. Geospiza fortis
3. Geospiza parvula   4. Certhidea olivacea

Finches from Galapagos Archipelago

부리의 모양 차이로 진화론에 힌트를 준 핀치, 다윈의 핀치 새들

로써, '모든 것은 신이 설계하고 개입한다'는 서구 사회의 오랜 전제를 깨뜨렸죠.

프랑스의 수학자이자 천문학자인 라그랑주는 오차방정식의 근의 공식을 찾다가 아무리 노력해도 풀리지 않자 다음과 같이 질문의 방향을 바꾸어 봤습니다.

기존 질문: 5차 방정식의 근의 공식이 도대체 왜 안 찾아지지?

⇒ 새로운 질문: 아니 근데 2, 3, 4차 방정식의 근의 공식은 왜 찾아졌지?

어려운 문제가 벽에 막히자 이미 해결한 쉬운 문제에 눈을 돌린 겁니다. 넌 도대체 왜 풀렸지? 어떻게 해서 풀릴 수 있었지? 그 비밀을 알아낸다면 저 어려운 문제에 적용해 볼 텐데… 라그랑주는 이렇게 이미 알고 있던 낮은 차수 방정식의 근의 공식의 모습을 난생처음 만나는 사람처럼 대상화했습니다. 그 결과, 맨 처음 근의 공식이 만들어질 수 있었던 핵심에 대칭성(symmetry)의 개념이 자리하고 있음을 발견할 수 있었죠. 이 대칭성 개념을 군이라는 개념으로 발전시켜 방정식의 근의 공식 문제를 일반적으로 해결한 사람이 바로 갈루아입니다.

상상력이 풍부하면 조급하지 않다

이처럼 문제를 해결할 때 '상상'의 힘이 아니면 추상화로 나아가기 어렵습니다. 여러분에게는 아주 익숙한 쉬운 문제를 예로 들어 보겠습니다.

123×456과 456×123의 답은 같은가?

같다면 그 이유는 무엇인가?

당연한 거 아니냐고요? 만약 고개를 갸우뚱하는 어린 동생이나 후배가 있다면, 여러분은 뭐라고 설명해 줘야 할까요? 이제 막 곱셈을 배운 학생들은 저 두 식의 답이 같다고 바로 '느끼지' 못합니다. 곱셈의 교환법칙 $ab = ba$가 당연하게 받아들여지지 않는다는 말이죠. 그럼 다음 그림을 볼까요?

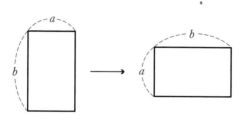

직사각형 돌리기

위의 그림처럼 직사각형을 90도 회전한다고 해서 그 넓이가 달라지지는 않습니다. 바로 이 사실로부터, 두 양수의 곱이 곱하는 순서와 무관하게 항상 같다($ab=ba$)는 교환법칙이 성립되는 거죠. 그렇다면 예를 들어 $(-2) \times 3 = 3 \times (-2)$와 같이 음수가 섞여 있어서 직사각형의 넓이로 표현될 수 없는 곱셈의 경우는 어떻게 정당화가 가능할까요? 이렇게 이어지는 질문들을 통해 우리는 결국 '곱셈이란 무엇인가'라는 추상(개념)의 영역으로 들어가게 됩니다. 이것이 바로 상상력이 발원하는 방식입니다.

상상력이 풍부한 사람은 대체로 조급하지 않습니다. 바꿔 말해, 상상력을 발휘하기 위해서는 충분한 고민의 시간이 필요하다는 겁니다. 시간에 쫓기면 사물을 여유 있게 바라볼 수 없고 엉뚱한 관점에서 생각할 수도 없게 되기 때문이죠. 타인에게서 시작되어 자신에게로 전해지는 '지식'은 얻을 수 있을지 몰라도, 자신에게서 시작되어 타인에게 닿을 수 있는 '사유'는 어려워집니다.

이와 관련해 최근 우리나라의 수학 교과서는 이전보다 많이 얇아졌습니다(여러분에게는 여전히 두껍겠지만요). 지식보다는 활동 중심의 수업을 장려하기 위해서죠. 바람직한 변화라고 생각합니다. 교과서가 얇아진 만큼 이전과는 다른 수업이 가능해졌습니다. 이를테면 고등학교 2학년 수학 시간에는 수열의 극한 단원에

나오는 베르누이 부등식 $(1+h)^n \geq 1+nh$ $(h>0)$을 배우게 되는데요. 이때 이 부등식의 배경인 16세기 이탈리아의 금융 문화(복리·단리 제도)를 이야기할 수 있습니다. 그렇게 배운 원리합계를 통해 학생 스스로 해당 부등식을 구성하게 한 후, 복리 이자식에서 자연 상수 e(미적분학의 핵심 상수로 여러 자연현상과 사회현상에 적용되며, 2.718 정도의 값을 가진 무리수)가 나타나는 과정까지 연결 짓는 식이죠. 이런 수업을 하는 교사들을 지금 한국의 고등학교에서 얼마든지 찾아볼 수 있습니다.

원금 a, 이자율(복리) h, 기간 n일 때의 원리합계: $a(1+h)^n$

원금 a, 이자율(단리) h, 기간 n일 때의 원리합계: $a(1+nh)$

그러므로 부등식 $a(1+h)^n \geq a(1+nh)$가 성립하고 이로부터

$(1+h)^n \geq 1+nh$를 얻음.

활동 중심 수업을 다른 말로 하면 '느리게 생각하기' 수업입니다. 수학 공식의 배경을 이해하기 위해 세계사를 언급하는 것은, 수학 교과서에 갇혀 있었던 대상을 새롭게(낯설게) 보겠다는 선언과 마찬가지입니다. 수학 교사가 르네상스 시기 이탈리아 경제를 말하고, 한국사 교사가 19세기 초 조선 천문학자의 수학을 언급

한다면, 그 낯섦의 크기만큼 수업의 매력은 가중되지 않을까요? 최근에 유행하는 '융합'이라는 개념도 근본적으로 낯설게 보기와 관계가 있습니다.

지금까지 살펴본 것처럼 수학은 엄밀한 논리의 세계임과 동시에, 대상을 낯설게 바라보는 상상력의 세계입니다. 100%의 확실성을 추구하지만, 동시에 이상하고 엉뚱한 세계를 끊임없이 만들어 냅니다. 그런 면에서 수학은 과학과 예술 모두에 겹쳐 있는 유일한 과목이라고 할 수 있습니다.

여러분의 삶에 주어진 그 어떤 대상이라도 당연하게 여기지 않도록 연습해 봅시다. 낯설게 바라본다는 것은, 삶에 대한 근본적인, 따라서 보편적일 수 있는 질문을 던지는 것과 같습니다. 이러한 질문은 우리의 눈높이를 높여 주는 힘이 됩니다.

3부

수학적으로
생각한다는 것

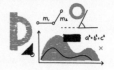

　'수학적 사유'란 뭘까요? 그것은 인간이 할 수 있는 합리적 사유의 모든 측면을 포괄합니다. 어떻게 보면 수학적 사유는 '사유 그 자체'이기도 한 거죠.

　먼저, 몇 가지 단서로부터 패턴을 찾아내는 '귀납', 유사성을 근거로 멀리 있는 대상들을 곧바로 연결하는 '유추'처럼 부드럽고 섬세한 사유가 있습니다. 그런가 하면 이미 알려진 사실을 바탕으로 그럴듯한 가설을 세우고 그것을 사실로 단단하게 확정 지어 나가는 '연역'처럼 박력 있고 울퉁불퉁한 사유도 있죠. 양상은 다르지만 두 가지 모두 새로운 지식을 구성하고 난해한 문제를 해결하는 사유의 보편적 원리입니다.

　수학적 사유만이 가진 고유함이 있다면, 그것은 무엇보다 '보편성'일 겁니다. 3부에서는 사유의 기본 원리를 소개하면서, 수학적 사유의 특성을 과학적 사유와 대비해 자세히 들여다보고자 합니다.

반가사유상의 부드럽고 섬세한 함(우)

로댕의 〈생각하는 사람〉의 울퉁불퉁한 함(좌)

엉성한 직관 속에 숨은 진리

수학에서조차도 진리를 발견하기 위한
기본 도구는 귀납과 유추이다.[1]
- 라플라스 -

과학의 귀납: 반례는 내 운명

귀납(induction)이란 특수한 몇 가지 사례들을 통해 일반적인
결론에 도달하는 사고법입니다. 과거부터 지금까지 수많은 지식
이 귀납적 사유에 의해 형성되어 왔죠. 17세기 초에 영국의 철학
자 베이컨은 귀납을 '자연법칙에 대한 과학적 탐색'으로서 다음
과 같이 체계화했습니다.

① 관찰, 실험에 의한 일반 법칙(가설) 설정

② 검증을 통한 가설의 확증

③ 새로운 과학 법칙의 발견

이 귀납적 방법론에 따라 발견한 과학 법칙의 대표적인 사례가 뉴턴의 만유인력의 법칙입니다. 17세기는 자연의 모든 것이 신의 섭리에 따른 것이라는 그간의 목적론적 해석과는 달리, 관찰과 실험을 바탕으로 한 이론이 시도되고 또 발견되던 시기였습니다. 이 시기 갈릴레오는 수량화된 실험을 통해 지상 물체의 운동에 관한 낙하 법칙을 발표했고, 케플러는 화성의 운행을 측정하여 행성 운동의 3법칙을 제시했습니다. 그리고 뉴턴은 이들의 이론을 하나로 통합하여 하나의 가설을 제시했습니다. 바로 물체들 사이에는 서로 당기는 힘이 작용한다는 가설이었죠. 사과가 땅에 떨어지는 것과 달이 지구로 떨어지는 것은(둘 다 움직이므로 충돌하지는 않음) 서로를 향해 당기는 힘이 작용하기 때문이라는 겁니다.

그는 수학을 사용하여 이 가설을 수량화한 다음, 관측 가능한 태양계 행성들에 적용해 봤는데 결과는 놀랍게도 성공적이었습니다. 뉴턴은 이를 근거로 자신의 가설이 우주 공간에 존재하는 모든 사물에 적용된다고 봤으며, 이를 만유인력(universal gravitation)이라고 명명했습니다.

만유인력 $F = g \dfrac{m_1 m_2}{r^2}$

m_1, m_2: 두 물체의 질량
r: 두 물체의 거리
g: 상수

만유인력의 법칙을 발견한 것은 그야말로 천상의 아름다운 운행과 지상의 세속적인 움직임이 각각이 아니라 하나임을 보여준 기적과 같았습니다. 이렇게 19세기 이전까지 뉴턴은 물리학에서 창조주의 위상에 있었다고 해도 과언이 아니죠.

하지만 19세기 들어 빛의 속도 같은 빠른 속도의 움직임을 다루는 상대성이론이 등장하고, 20세기로 넘어와 전자와 양성자 등의 움직임을 계산하는 미세 물리학인 양자역학이 등장하면서 뉴턴 이론은 진리의 자리를 의심받게 됩니다. 실제로 전자의 움직임은 뉴턴의 이론에 전혀 들어맞지 않거든요. 과학자들은 새 가설을 세워야 했고 그 결과 다음의 결론에 도달하게 되었습니다.

- 거시세계: 상대성이론으로 계산
- 경험세계: 뉴턴역학으로 계산
- 미시세계: 양자역학으로 계산

상대성이론은 뉴턴역학을 포괄할 수 있으므로 둘은 하나의 이론으로 통합해 낼 수 있습니다. 하지만 양자역학은 전혀 다른 전제를 가집니다. 실제로 아인슈타인은 죽는 순간까지 양자역학을 학문으로 인정하지 않았다고 전해지죠.

이 중 어떤 물리학 이론도 궁극적 진리라고 말할 수는 없습니다. 과학은 귀납에 근거하여 가설을 구성하고, 그 가설이 옳은 가설인지를 실험을 통해 결정하기 때문입니다. 확실한 진리로 여겨졌던 이론도 언젠가는 반례(counter example)를 만나면서 폐기될 가능성을 운명적으로 안고 있는 셈입니다.

'검은 백조'는 골칫거리가 아니다

오스트리아 출신의 과학철학자 포퍼는 이런 이유로 귀납적 사유를 과학적 진리와 직접 연결하는 것을 비판했습니다. 그리고 반증주의(falsificationism)라는 새로운 방법론을 제시했죠. 경험적 일반화는 증명될 수 없지만 반증될 수는 있습니다. 예를 들어, 백조에 대한 관찰 자료를 아무리 많이 모은다 해도 '모든 백조는 희다'라는 명제를 도출할 수는 없지만, 검은 백조(반례)를 단 한 마리 본 것만으로도 '모든 백조가 흰 것은 아니다'라는 진술을 논리적으로 도출할 수 있다는 겁니다.

그 점에 착안해 포퍼는 반례의 존재를 오히려 진리로 나아가기 위한 긍정적인 메시지로 보는 역발상을 했습니다. 그는 반증(반례를 통한 증명)이라는 긍정적 용어를 사용하여 과학적 지식이 진보하는 과정을 설명해 냈습니다. 예를 들어 '물은 섭씨 100도에 끓는다'는 가설을 도출했다고 해 봅시다. 이 가설은 일정 기간 진리로 받아들여지다가, 뚜껑이 닫혀 있을 땐 성립하지 않는다는 반례를 직면하게 됩니다(반증). 이러한 반증은 새로운 가설, 즉 물이 닫힌 용기에서는 끓지 않고 열린 용기에서 끓는 이유를 모두 설명해 줄 수 있는 명제를 구성해 냄으로써 극복됩니다. 이 새로운 가설 또한 일정 기간 진리로 받아들여지다가, 높은 고도에서는 성립하지 않는다는 반례를 만납니다(반증). 또다시 새로운 반증을 통해 이전 결과까지 통합한 보다 새로운 가설을 구성하게 됩니다. 반증에 의해 가설이 수정되면서 이전 단계에는 없었던 질문이 발생하고, 이 질문이 새 가설에 반영되면서 내용이 더 풍부해지는 겁니다.

17세기 오스트레일리아에서
처음 발견된 검은 백조

　결국 과학적 탐구란, 반증을 통해 진리로 한

걸음씩 다가가는 영원한 과정이라고 할 수 있습니다. 포퍼는 이렇게 귀납의 한계를 반증주의라는 새로운 개념을 통해 극복함으로써, '과학철학'이라는 학문의 장을 열었습니다. 포퍼의 과학철학은 많은 과학자, 철학

인생은 새로운 문제와의 끊임없는 만남이다.
- 포퍼(1902~1994)

자, 수학자들의 진리관에 영향을 끼쳤습니다. 실제로 포퍼의 영향을 받은 헝가리 출신의 수학자 라카토슈는 수학적 지식의 성립 과정 또한 과학처럼 반증주의로 설명할 수 있다는 이론을 제시하기도 했죠.

수학의 귀납: 증명하거나 폐기하거나

귀납은 수학적 진리의 발견에서도 매우 중요한 역할을 합니다. 수학에서 귀납은 간단히 말하면 '패턴 찾기'로 이해할 수 있는데요. 다양한 사례들 속에 공통으로 나타나는 패턴을 찾아 일반화하는 거죠. 다음 예시를 함께 볼까요?

$$1 \times 2 \times 3 \times 4 + 1 = 25$$

$$2 \times 3 \times 4 \times 5 + 1 = 121$$

$$3 \times 4 \times 5 \times 6 + 1 = 361$$

곰곰이 들여다보면 세 가지 식의 계산 결과가 모두 다 제곱수라는 걸 알 수 있습니다($25 = 5^2$, $121 = 11^2$, $361 = 19^2$). 여기서 우리는 세 등식에 담긴 어떤 패턴(연속된 네 자연수의 곱에 1을 더함)을 발견할 수 있고, 그 결과가 제곱수라는 생산적인 결론에 도달할 수 있습니다. 그러나 진짜 문제는 그다음입니다. 수학은 100%를 추구하는 학문인 만큼 이 가설을 '논리적으로' 증명해야 하니까요. 바로 이 부분이 과학의 귀납과 수학의 귀납의 결정적 차이입니다. 즉, 패턴 발견을 통한 일반화까지는 과학과 수학이 같지만, 이후 과학은 반례를 통해 이론이 폐기되거나 제한적으로 사용되거나 아니면 반례를 감싸 안으면서 새로운 일반화로 수정되어 갑니다. 반면에 수학은 발견한 패턴을 논리적으로 완벽하게 증명하거나, 아니면 완전히 폐기하거나 둘 중의 하나입니다.

- 귀납(과학): 패턴 발견 → 실험을 통한 검증 → 폐기 또는 제한 적 사용 또는 수정
- 귀납(수학): 패턴 발견 → 논리를 통한 검증 → 증명 또는 폐기

앞에서 본 제곱수의 수학적 패턴은 다음과 같이 문자식을 이용하여 증명할 수 있습니다.

$$n(n+1)(n+2)(n+3)+1$$
$$=n(n+3)(n+1)(n+2)+1 \text{ (곱하기 순서 바꿈)}$$
$$=(n^2+3n)(n^2+3n+2)+1 \text{ } (n^2+3n=t\text{로 치환})$$
$$=t(t+2)+1$$
$$=t^2+2t+1$$
$$=(t+1)^2 \text{ } (t=n^2+3n\text{로 원위치})$$
$$=(n^2+3n+1)^2 \text{ (증명 끝)}$$
$$\therefore \text{ } n(n+1)(n+2)(n+3)+1=(n^2+3n+1)^2$$

연속된 네 자연수의 곱에 1을 더한 결과는 항상 제곱수이다.

골드바흐의 추측: 수학자들이 포기 못한 기묘한 가설

수학적 가설의 증명은 때때로 아주 오랜 시간 동안 진행됩니다. 한 사람이 증명에 실패했다고 해서 바로 폐기하는 것이 아니라, 몇 세기에 걸쳐 수많은 수학자들이 도전하기도 하거든요. '골드바흐의 추측'으로 알려진 미해결 문제가 대표적인 예입니다.

18세기 프로이센의 수학자 골드바흐는 어느 날 동료 학자 오일러에게 편지를 보냅니다. 정수에 관해 자신이 발견한 사실 하나를 알리기 위해서였죠. 20여 일이 지난 후, 오일러는 골드바흐의 가설을 간단한 형태로 수정해 답장을 보냈습니다. '4 이상의 모든 짝수는 두 소수의 합으로 표현할 수 있다'는 단순한 내용이었죠.

$$4 = 2 + 2$$
$$6 = 3 + 3$$
$$8 = 3 + 5$$
$$10 = 3 + 7 = 5 + 5$$
$$\vdots$$

골드바흐는 자신이 귀납적으로 발견한 가설을 오일러가 '사실'로 확정해 줄 거라고 기대했지만, 오일러는 가설을 단순한 모습으로 변형하는데 그쳤을 뿐 증명에는 실패했습니다. 18세기의 가장 위대한 수학자 중 하나였던 오일러가 증명에 실패하면서, 문제의 가설은 긴 역사의 터널 속으로 진입하게 됩니다.

사실 이 가설은 수학적인 가치나 실제적인 응용 양쪽 면에서 큰 의미가 있다고 보기는 어렵습니다. 그런데도 많은 수학자들이 관심을 가진 이유는 가설이 가진 기묘한 매력 때문이었죠. 결과물은 초등학생도 이해할 수 있는 간단한 내용인데, 증명은 당대 최고의 수학자도 해내지 못했으니까요.

이 기묘한 가설의 증명은 많은 수학자의 로망이 되었습니다. 그 후로 오랫동안 가설을 증명하는 쪽과 반례를 찾는 쪽, 이렇게 두 가지 방향으로 연구가 진행됐죠. 어마어마하게 큰 수에 이르기까지 하나하나 지루하게 계산했는데도 반례가 발견되지 않았기에, 가설을 참으로 간주하는 쪽이 대세로 굳어지게 됐습니다. 그러나 가설의 증명 과정에서 수많은 성과와 놀라운 발견이 잇따른 것과 별개로, 제가 이 책을 쓰고 있는 현재까지도 증명은 완료되지 못했습니다. 수학자들은 가설이 언젠가는 정리(theorem)가 될 것으로 믿으며, 골드바흐의 '추측(conjecture)'이라는 이름을 붙여 정리에 준하는 자격을 부여했습니다.

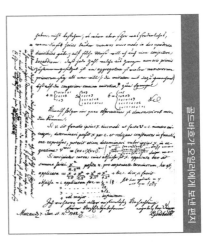

골드바흐가 오일러에게 보낸 편지

페르마 소수: 반례에도 살아남은 유일한 사례

앞서 수학은 단 하나의 반례만 나와도 바로 가설이 폐기되는 세계라고 말했습니다. 그런데 실제로는 반례가 나왔는데도 가설이 살아남은 특이한 사례가 있습니다.

17세기 초, 프랑스의 수학자 페르마는 소수의 규칙을 탐구하는 중에, 소수를 나타내는 수열로서 $F_n = 2^{2^n} + 1$(n은 0을 포함한 자연수)을 발표합니다. 페르마가 어떤 과정을 통해서 등식을 구성했는지 정확하게 알 수는 없으나, 귀납적인 관찰이 중요한 역할을 했음은 분명합니다. 다음과 같이 구체적인 계산을 통해 F_0부터 F_4까지 성립되는 걸 확인해 볼 수 있습니다.

$$F_0 = 2^1 + 1 = 3 \ (\text{소수})$$

$$F_1 = 2^2 + 1 = 5 \ (\text{소수})$$

$$F_2 = 2^4 + 1 = 17 \ (\text{소수})$$

$$F_3 = 2^8 + 1 = 257 \ (\text{소수})$$

$$F_4 = 2^{16} + 1 = 65537 \ (\text{소수})$$

하지만 시간이 흘러 오일러가 $F_5 = 2^{32} + 1 = 4294967297 = 641 \times 6700417$이라는 반례를 찾아냅니다. 그 이후에 F_6과 F_7

또한 소수가 아니라는 사실이 추가로 드러나고요. 반례로 인해 가설은 명백히 부정되어야 했지만, 페르마의 등식 $F_n = 2^{2^n} + 1$은 아무도 예상치 못한 또 다른 길을 걷게 됩니다. 1796년에 독일의 수학자 가우스가 페르마의 등식에 전혀 다른 의미가 숨어 있음을 밝혀낸 겁니다. 그것은 도형의 작도와 관련된 내용이었습니다.

(눈금 없는 자와 컴퍼스로) 그릴 수 있는 정n각형은 n이 서로 다른 페르마 소수들과 2의 거듭제곱의 곱일 때뿐이다.

예를 들어 $1020 = 2^2 \times 3 \times 5 \times 17$이므로 정천이십각형은 그릴 수 있는 도형이지만(3, 5, 17 모두 페르마 소수), $14 = 2 \times 7$이므로 정십사각형은 그릴 수 없습니다(7이 페르마 소수가 아님).

이같이 페르마의 소수 등식은 수론과 기하학을 연결하는 비밀을 담고 있다는 이유로 살아남게 됩니다. 오히려 F_4를 넘는 소수를 찾는 새로운 문제(소수 판정 문제)가 부각됨으로써 $F_n = 2^{2^n} + 1$은 '페르마 소수'라는 명예로운 이름까지 얻었죠. 현재까지 밝혀진 페르마 소수는 다섯 개($F_0 \sim F_4$)가 전부이며, 새로운 페르마 소수를 찾는 작업은 컴퓨터의 발달에 힘입어 지금도 계속되고 있습니다.

지금까지 살펴본 것처럼 귀납적 발견은 직관으로 가능합니다. 그리고 인간의 직관은 엉성할 수밖에 없죠. 그러나 이 엉성한 직관의 결과가 페르마 소수처럼 전혀 예상치 못한 진실을 알려 주기도 합니다. 지극히 세속적인 인간의 직관 속에 내밀한 자연의 원리가 숨 쉬고 있다는 방증이 아닐까요? 인간 또한 자연물이니까 말입니다.

세계를 넘나들어 닮음을 찾다

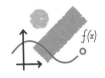

유유상종(類類相從),
비슷한 것끼리 어울린다.
- 무명씨 -

베버-페히너 법칙: 고통을 수량화할 수 있을까?

유추(analogy)란 일종의 닮음입니다. 이것은 어떤 대상에서 성립하는 성질을 그와 유사한 대상에 적용하는 것을 말합니다. 앞서 살펴본 귀납이 여러 가지 사례에서 보이는 패턴에 근거했다면, 유추는 단 하나의 사례를 가지고 다른 유사한 대상 모두에 대한 가설을 즉각적으로 구성할 수 있습니다. 그런 의미에서 유추는 귀납보다 더 급진적이죠. 특정한 약이 인체에 미치는 영향을 알아보기 위해 화학자들이 동물 실험을 하는 것이 유추적 사고의 전형적인 사례입니다.

19세기 초, 독일의 물리학자 베버는 무게에 대한 인체의 반응을 연구했는데요. 인체에 가해지는 무게를 조금씩 늘리면서, 무게 증가를 처음으로 느낀 시점을 확인하는 실험을 했습니다. 실험을 통하여 그는 인체의 반응이 무게의 '상대적인' 증가량에 비례한다는 중요한 사실을 발견합니다. 이를테면 눈을 감은 채 무게 $100g$의 물체를 들고 시작한 사람이 무게가 $110g$이 되는 순간에 무게의 증가를 느꼈다면, 무게 $1,000g$의 물체를 들고 시작했을 때는 $1,010g$이 아니라 $1,100g$이 되는 순간에 무게의 증가를 느낀다는 겁니다. 이를 수식으로 정리하면 다음과 같습니다.

$$\Delta s = k \frac{\Delta w}{w}$$

w: 현재 무게
Δw: 무게변화량
Δs: 반응변화량
k: 비례상수

베버는 무게라는 감각에 대한 이러한 발견을 시각, 청각, 고통을 느끼는 감각에까지 적용(유추)했습니다. 나중에 독일의 또 다른 물리학자 페히너가 미분방정식이라는 수학적 수단을 이용하여 베버의 발견을 정교하게 만들었고요. 이를 베버-페히너 법칙이라고 부르는데, 고등학교 2학년 수학에서 배우게 되는 로그함수로 표현됩니다.

$$S=k \log_e W + c$$

S: 반응
W: 자극의 세기
k, c: 상수

로그는 등비수열을 등차수열로 변환합니다. 예를 들어 1, 10, 100, …을 0, 1, 2, …와 같이 바꾸는 식이죠. 로그로 표현된 베버-페히너 법칙에 따르면, 인간은 외부로부터 자극이 강하게 주어지더라도 이를 적정하게 둔화하는 자체적 안전장치를 가진 셈입니다. 페히너는 시각과 청각 등 인간의 다른 감각에도 이 공식을 검증하는 실험을 진행했습니다. 이렇듯 베버-페히너 법칙은 인간 감각을 과학적으로 수량화하는 데 유추가 사용된 사례라고 할 수 있습니다.

원자론: 천문학 모형에서 전자의 궤도를 발견하다

유추는 원자 이론의 성립에도 큰 역할을 했습니다. 19세기 초, 영국의 돌턴은 데모크리토스의 원자론을 계승해 발전시켰습니다. 그 후에 원자 모형은 긴 시간 동안 조금씩 더 개선되어 왔죠.

19세기 말에 톰슨에 의해 전자가 발견되고 20세기 들어 러더퍼드의 실험으로 핵의 존재가 밝혀집니다. 하지만 전자가 에너지를 계속 방출하면서도 중심부의 핵과 충돌하지 않는 이유를 설명할수 없었습니다. 이에 덴마크의 물리학자 보어는, 행성들이 태양을 공전하는 천문학 모형을 원자에 적용(유추)해 보기로 합니다. 그 결과, 전자가 일정한 거리를 두고 원자의 가운데 있는 핵 주위를 공전하는 새로운(지금 우리에게는 익숙한) 모형을 제시하게 됩니다. 전자가 핵 주위를 공전하는 안정된 궤도가 있으며, 궤도를 바꿀 때는 궤도의 에너지 차이만큼 에너지를 흡수하거나 방출한다는 가설이었죠. 이를 통해 그는 원자의 안정성을 성공적으로 설명했을 뿐만 아니라, 빛의 에너지 복사에 관한 이론을 전혀 다른 영역인 원자 모형에 적용함으로써 물질 현상을 완전히 새로운 시각에서 바라볼 수 있게 했습니다. 이는 이후 양자역학이라는 학문의 문이 열리는 데 결정적인 역할을 했고요. 그러나 보어의 이론은 수소 원자에만 적용되었기 때문에 일반적인 원자에 적용되려면 보정을 거쳐야 했습니다.

이처럼 유추는 멀리 떨어져 있는 대상을 직접 연결하는 마법적인 능력으로 이해되었습니다. 이런 이유로 과학사 케플러는 유추를 자연의 모든 비밀을 담고 있는 스승이라고 말하기도 했죠.

하지만 유추는 어디까지나 가설일 뿐 그 자체로 진리는 아닙니다. 이 점 또한 중요합니다. 귀납과 마찬가지로 유추를 통하여 세운 가설 또한 별도의 후속 과정(실험, 검증)에 의해 증명되어야 합니다.

설계 논증: 신의 존재도 '유추'할 수 있을까?

유추는 과학에만 머물지 않습니다. 문학에서 쓰이는 비유나 법정에서 내려지는 판결 또한 유추의 대표적인 사례죠. 이전에 있었던 재판 결과 중 현재 사건과 비슷한 예시를 '판례'라고 하는데요. 모든 면에서 완전히 같은 사건은 존재하지 않기 때문에, 유사하다고 판단되는 사건을 연결해서 연구하고 판결에 적용하는 개념이라 법에서 핵심적인 역할을 합니다.

그런가 하면 종교 이론에서도 유추적 사고를 볼 수 있습니다. 영국의 신학자 윌리엄 페일리는 다음과 같은 유명한 논증을 만들어 냈습니다.

우리가 길을 지나다가 땅바닥에서 시계를 발견했다면, 그 시계를 만든 사람의 존재를 생각하지 않을 수 없다. 시계의 정교함은 설계자의 존재를 전제하지 않고는 설명할 수 없기 때문이다. 마찬가지로 이 세계에 시계의 정교함에 비견될 수 있는 많은 현상이 존재함을 우리는 이미 알고 있다. 따라서 우리는 우리가 사는 세계를 만든 설계자(창조주)가 반드시 존재한다는 결론을 내리지 않을 수 없다.[2]

'시계'에서 '세계'로 나아가는 페일리의 이 설계 논증(Design Argument)은 유추의 전형적 사례입니다. 하지만 동시에 다른 유추와 결정적으로 구분되는 지점이 있습니다. 바로 검증 불가능성이라는 문제입니다. 철학자 데이비드 흄은 설계 논증을 다음과 같이 반박했습니다.

우리가 시계를 보고 제작자를 생각하는 것은 시계가 만들어지는 과정을 경험을 통해 이미 알고 있었기 때문이다. 하지만 우주가 제작된 과정은 그 누구도 본 적이 없다. 따라서 우주의 제작자에 관한 어떠한 판단도 불가능하다. 만약 설계 논증대로 인간(시계 제작자)과 창조주 사이에 유추가 성립한다면 창조주는 유한하고 여러 명이며 오류투성이라고 말할 수도 있을 것이다.[3]

흄의 비판은 설계 논증을 넘어 유추 자체에 대한 비판으로 해석될 여지도 있습니다. 하지만 일단 유추는 '검증 가능한' 대상에 대해서만 해야 한다는 주장으로 이해한다면 충분히 납득할 수 있죠. 많은 이론이 유추-검증의 과정을 거쳐 받아들여지거나 폐기되지만, 설계 논증과 같이 애초에 검증이 불가능한 것들도 있습니다. 실제로 설계 논증은 바로 그 이유 때문에 시간이 지나면서 점차 호소력을 잃게 됐죠.

삼각형의 무게중심과 사면체의 무게중심

과학에서와 마찬가지로 수학에서도 유추는 추측과 발견을 가능하게 한 중요한 수단입니다. 쉬운 예를 들어 볼까요? 삼각형의 무게중심은 넓이를 정확히 이등분하는 중선 상에 있습니다.

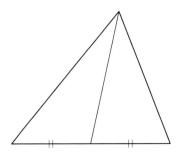

그런데 삼각형의 중선은 모두 세 개이므로 세 중선의 교점이

곧 무게중심이 되죠. 그렇다면 입체도형인 사면체의 무게중심은 어떨까요? 삼각형의 무게중심으로 '유추'하여 삼각형의 중선에 해당하는 사면체의 중면을 생각해 볼 수 있습니다.[4]

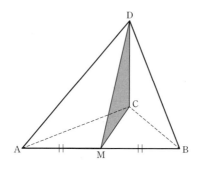

중면이 사면체의 부피를 이등분하므로 사면체의 무게중심은 중면 상에 있을 겁니다. 사면체에는 각 변의 중점이 모두 6개 있으므로 중면 또한 6개 존재합니다. 이로부터 우리는 사면체의 6개의 중면이 한 점에서 만나고 그것이 바로 사면체의 무게중심이라는 추측에 도달합니다. 실제 이 추측이 사실임을 증명하려면 복잡한 계산을 해내야 하지만, 유추를 통해 그 과정을 생략하고 바로 결론에 도달할 수 있는 거죠.

스넬의 법칙에서 최속강하선까지

이번엔 좀 더 어려운 예를 들어 보겠습니다. 17세기 초, 네덜란드 수학자인 스넬은 빛이 서로 다른 매질 속에서 진행 경로를 변경하는 굴절의 원리를 발견해 냅니다. 각 매질에서의 빛의 속도(v_1, v_2)와 굴절각(α, β) 사이의 관계를 통해 수량화한 거죠. 이것이 스넬의 법칙(Snell's law)입니다.

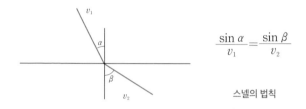

$$\frac{\sin \alpha}{v_1} = \frac{\sin \beta}{v_2}$$

스넬의 법칙

그로부터 70년 정도 시간이 지나 미적분학이라는 새로운 수학이 한참 발전해 가던 와중, 스넬의 법칙은 수학자 요한 베르누이에게 획기적인 영감을 주게 됩니다. 베르누이는 빛의 진행 경로를 수학적으로 구할 수 있다는 발상을 해냈는데요. 높은 곳과 낮은 곳의 공기 밀도가 달라지는 만큼 이를 매질의 차이로 간주하여, 스넬의 법칙을 연속으로 적용해 본 거죠.[5]

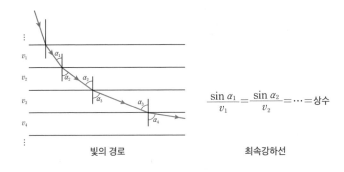

$$\frac{\sin \alpha_1}{v_1} = \frac{\sin \alpha_2}{v_2} = \cdots = 상수$$

빛의 경로   최속강하선

곡선을 구하는 과정에서 중력과 에너지 공식(운동, 위치)이라는 수학 외부적 요소가 작용하긴 했지만, 기본적으로 직선의 진행을 전제하는 스넬의 법칙을 곡선에 적용한 것은 과감한 유추의 전형을 보여 줍니다. 이러한 유추의 과정을 통하여, '위에서 아래로 떨어지는 시간이 최소가 되는 곡선'이라는 의미를 가진 최속강하선(brachistochrone)이 발견되었습니다.

동형: 이 세계의 문제, 저 세계의 해답

유추적 사고가 수학에 미친 가장 중요한 성과는 동형 사상(isomorphism)의 발명입니다.[6] 동형이란 서로 구조가 같은 두 대상을 지칭하는 용어입니다. 더하기만 할 수 있는 세계(A)와 곱하기만 할 수 있는 세계(M)가 따로 존재한다고 가정해 보겠습니다. 할 수 있는 연산이 다르므로 두 세계는 명백히 서로 구분되는 세계죠. 동형 이론에 따르면 A 세계의 내부 구조(+)와 M 세계의 내부 구조(×)를 일관되게 연결해 주는 대응 규칙 f가 존재한다면 두 세계의 내부 구조는 같은 형태(동형)입니다.

더 알기 쉬운 비유를 들어 볼까요? 소설 한 편과 드라마 한 편이 있다고 할 때, 시대 배경과 주인공의 성별, 소재 등이 모두 다르다 하더라도 소설 속 등장인물들의 관계가 드라마 속 등장인물들의 관계와 정확히 일치하는 방식으로 대응된다면 두 작품은 동일한 구조를 가지고 있다고 말할 수 있는 것과 같습니다.

관계의 일관성(구조)이 보존되기 때문에 M 세계에서 다루기 힘든 문제는 A 세계에서 해결한 후, 그 결과를 다시 M 세계에 대응해 원하는 결과를 얻을 수 있습니다(반대 방향도 가능). 이렇게 동형이라는 개념을 통해서 복잡한 세계를 단순하게 이해할 수 있는 거죠. 그렇기 때문에 동형은 수학의 영역에서 유추적 사고가 빚어낸 가장 모범적인 사례라고 말할 수 있습니다.

지금까지 수학적 사고의 중요한 측면인 귀납과 유추를 살펴봤습니다. 확실한 결과를 보장하지는 않지만 바로 그렇기 때문에 인간적이고 매력적인 귀납과 유추를 통해 우리는 추측을 하고 새로운 발견을 해냅니다. 인류 역사상 많은 과학적 발견은 귀납과 유추의 결과였으며 수학적 발견 또한 마찬가지입니다. 귀납과 유추를 묶어서 개연 추론(plausible reasoning)이라고 부릅니다. 개연이란 쉽게 말해 '그럴듯한'이라는 의미죠. 개연 추론은 인간의 합리적 사고가 작동하는 모든 곳에서 살아 움직이는 추론의 원형입니다.

연역
치열하고 정직한 증명의 역사

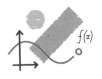

페르마의 마지막 정리를 증명하고 나서
일종의 슬픔을 느꼈다.
- 앤드루 와일스 -

선행 지식에 '의존'해 관점을 이동하기

이번 장에서 설명할 연역은 개연 추론과는 다릅니다. 연역은
99%를 과감하게 부정하고 100%를 추구하거든요. 개연 추론이
수학뿐 아니라 과학과 사회 다른 영역에도 적용되는 것이라면,
연역이야말로 다른 영역에서는 전혀 볼 수 없는 수학적 사고의 가장
전형적이면서도 중요한 특징입니다.

연역은 전제(조건)로부터 결론에 이르는 필연적 연결입니다.
간단한 문제를 통해 살펴볼까요?

$2^a = 3^b = 7^c = 42$일 때, $\dfrac{1}{a} + \dfrac{1}{b} + \dfrac{1}{c}$ 의 값을 구하시오.

문제는 세 개의 등식, $2^a = 42$, $3^b = 42$, $7^c = 42$로 이루어져 있습니다. 문제가 지수와 관계가 있으므로 지수법칙이 사용될 것임을 자연스럽게 추론할 수 있죠. 조금의 시행착오를 거친 후 우리는 주어진 식을 다음과 같이 변형할 수 있을 겁니다.

$$2^a = 42 \iff (2^a)^{\frac{1}{a}} = 42^{\frac{1}{a}} \iff 2 = 42^{\frac{1}{a}} \text{ [지수법칙 } (a^x)^y = a^{xy} \text{ 사용]}$$

$$3^b = 42 \iff (3^b)^{\frac{1}{b}} = 42^{\frac{1}{b}} \iff 3 = 42^{\frac{1}{b}}$$

$$7^c = 42 \iff (7^c)^{\frac{1}{c}} = 42^{\frac{1}{c}} \iff 7 = 42^{\frac{1}{c}}$$

이제 변형된 세 등식을 모두 곱하여 다음처럼 변형할 수 있습니다.

$$2 \times 3 \times 7 = 42^{\frac{1}{a}} \times 42^{\frac{1}{b}} \times 42^{\frac{1}{c}} \iff 42 = 42^{\frac{1}{a} + \frac{1}{b} + \frac{1}{c}}$$

(지수법칙 $a^x a^y = a^{x+y}$ 사용)

그러므로 $\dfrac{1}{a} + \dfrac{1}{b} + \dfrac{1}{c} = 1$

이 추론 과정의 핵심은 다음의 변형에 있습니다.

$$2^a = 42 \iff 2 = 42^{\frac{1}{a}}$$

두 식은 같은 식이지만 바라보는 '관점'이 다릅니다. 대상을 다른 관점에서 바라보는 데서부터 추론이 시작된 거죠. 이러한 관점의 이동은 어떻게 가능했을까요? 바로 우리가 지수법칙을 이미 알고 있었기 때문입니다. 지수법칙에 근거해 대상을 다른 관점에서 볼 수 있었고 그에 따라 매력적인 결론에 도달할 수 있었습니다. 이때, 우리가 끌어낸 결론의 확실성은 지수법칙의 확실성에 '의존'하고 있다고 말할 수 있죠.

정리하자면 우리는 선행 지식(지수법칙)에 근거하여 관점을 이동했고 그에 따라 새로운 결론에 도달할 수 있었습니다. 사용된 선행 지식이 확실히 옳으므로 결론은 필연적으로 성립합니다. 이것이 연역의 과정입니다.

필연의 연쇄이자 상상의 예술

관점 이동은 도형 문제에서도 마찬가지로 중요합니다. 다음의 예를 함께 볼까요?

임의의 삼각형 ABC의 각 변을 한 변으로 갖는 정삼각형을 그리고, 그 각 꼭짓점을 각각 D, E, F라고 할 때, 사각형 ADEF는 어떤 도형이 되는가? (단, $\angle A \neq 60°$)[7]

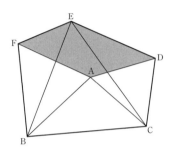

임의로 삼각형 ABC를 몇 번 그린 다음, 꼭짓점을 찍어서 사각형 ADEF를 만들어 보면, 위 그림과 같이 평행사변형 형태가 만들어지는 것을 직관적으로 느낄 수 있습니다. 그렇습니다. 아무래도 평행사변형처럼 보입니다. 문제의 핵심은 이것을 어떻게 100%로 만드느냐죠.

주어진 조건에 의하여 $\overline{BC}=\overline{CE}$, $\overline{CA}=\overline{CD}$

$\angle ACD = \angle ECB = 60°$이고 $\angle ECA$는 공통이므로

$\angle DCE = \angle ACB$

따라서 삼각형의 합동조건에 의하여 $\triangle ABC \equiv \triangle CED$

그러므로 $\overline{AF}=\overline{DE}$ … ①

마찬가지 방법으로 $\overline{AD}=\overline{EF}$ … ②

①, ②로부터 사각형 ADEF는 평행사변형이다.

이 추론의 핵심에는 어떤 관점 이동이 작용했을까요? 잘 살펴보면 애초에 문제에 등장하지 않았던 삼각형 CED가 삼각형 ABC와 합동이라는 방향으로 관점이 이동했다는 걸 알 수 있습니다. 이 관점 이동을 가능하게 한 것은 삼각형의 합동 조건이라는 선행 지식이고요. 이를 통해 $\overline{AF}=\overline{DE}$라는 필연적인 결론이 도출되며 원하는 결과로 이어졌습니다.

이처럼 도형의 문제를 다루는 기하에서의 연역 또한 대수와 마찬가지로, 선행 지식에 의존해 관점을 이동하여 문제를 답까지 끌고 가는 과정입니다.

연역(deductive reasoning) = 관점의 이동

↑

이전에 성립한 확실한 지식

관련된 선행 지식을 문제의 조건과 얼마나 잘 연결해 이해하

는가가 이러한 관점 이동의 열쇠입니다. 그것이 완벽하게 맞아 들어갔을 때, 멋진 연역의 과정은 바늘 끝 들어갈 틈도 없이 벌어지는 숨 막히는 필연의 연쇄인 동시에, 발상의 전환이 끊임없이 벌어지는 상상의 예술이기도 합니다. 극한의 엄격함과 예측불허의 엉뚱함이 동전의 양면처럼 융합되어 이루어지죠. 이러한 사유는 수학이 아닌 다른 어떤 학문 영역에서도 볼 수 없습니다.

페르마의 마지막 정리: 350년 동안 풀리지 않은 문제

이 대단한 연역의 과정은 때때로 천재 수학자 한 명의 손을 떠나, 시대와 국가를 넘나들며 이어지기도 합니다. 널리 알려진 '페르마의 마지막 정리(Fermat's Last Theorem, FLT)'가 그 대표적인 예입니다.

$x^n + y^n = z^n$ (단, $n > 2$인 정수)를 만족하는 정수 x, y, z는 존재하지 않는다.

출제자 페르마는 증명을 생략한 채 이렇게 결과만 제시했습니다. 1621년 출간된 디오판토스의 『산학(Arithmetica)』의 여백에 주석으로 남겼죠. 1637년의 일입니다. 페르마 사후 많은 수학자가 이 문제에 도전했습니다. 반례를 찾기 위해 많은 수로 계산해 보았지만 찾아지지 않았으므로 FLT는 분명히 옳은 듯 보였죠. 하지만 증명은 그야말로 난제였습니다. 난공불락의 성은 결국 세상에 나온 뒤 350년도 더 지난 1995년에 와서야 함락됩니다.

이 문제의 해결에는 몇몇 중요한 등장인물이 존재합니다. 1950년대에 대학원생이었던 일본의 타니야마와 시무라는 자국에서 열린 세계수학자대회에서 '이차곡선인 타원의 성질에 관한 추측(타니야마-시무라 추측)'을 발표합니다. 획기적인 것 같으면서도 좀 엉뚱해 보였던 이 추측은 별다른 관심을 받지 못하고 묻혔죠. 시간이 흘러 1980년대에 프라이라는 독일 수학자가 타니야마-시무라 추측에서 뭔가를 감지합니다. 이 추측을 비틀어 변형해 보는 과정에서 그 속에  FLT가 부분집합으로 포함되어 있다는 사실을 발견하죠. 즉 타니야마-시무라 추측(큰 집합)을 증명할 수 있다면 FLT(작은 집합)는 곧바로 증명되는 셈이었습니다.

프라이의 논문 발표 이후,

많은 수학자가 이 문제에 도전합니다. 영국 출신의 와일스도 그 중 한 명이었죠. 와일스는 7년 동안 집중적으로 타니야마-시무라의 추측을 공략했는데요. 중간에 한 번 실패를 맛보았지만 포기하지 않고 다시 도전해 1995년 마침내 증명에 성공합니다. 이 증명에 사용된 선행 지식은 20세기 들어 확립된, 타원곡선과 모듈러 이론에 관련된 10여 가지의 정리들입니다.

마치 명검 엑스칼리버를 바위에서 뽑기 위해 수많은 시간을 기다려야 했듯, FLT의 외형은 단순해 보이지만 관점을 이동해 이를 무장해제하기 위해서는 수많은 시간에 걸친 전 인류 차원의 준비가 필요했던 겁니다.

그 과정이 얼마나 고난이었으면, 모든 시대를 통틀어 가장 위대한 수학자 중 한 사람으로 꼽히는 가우스는 FLT에 대해 이렇게 말하기도 했습니다. "만들기는 쉽고 증명은 어려운 저 따위 문제는 나도 얼마든지 만들 수 있다고."

페르마 동상 앞에 선 와일스

페르마는 어떻게 이 결과를 알 수 있었을까요? 그는 증명에 성공했을까요? 대다수 수학자들은 페르마가 자신이 만든 FLT 를 증명하지 못했으며 직관적으로 추측했을 것으로 생각합니다. 저 역시 그렇게 보는 게 합당하다고 믿습니다. 다만 350년 동안 풀리지 않은 문제를 애초에 만들 수 있었던 그의 직관력에 놀랄 뿐입니다.

연역의 역사는 이토록 치열하고 정직합니다. 그리고 많은 사람의 집단적 노력을 요구하죠. 그것은 인간 역사의 중심부에 자리하고 있는, 보이지 않는 부분집합입니다.

공리①

누구도 의심할 수 없는 절대 진리

수학을 공부하지 않은 대다수 사람에게는
믿기지 않는 일들이 있다.
- 아르키메데스 -

원론: 이것은 수학책이 아닙니다

살펴보았듯이 연역의 결론은 선행 지식의 확실성에 의존합니다. 선행 지식의 확실성 또한 그 선행 지식을 성립시킨 지식의 확실성에 다시 의존하고요. 여기서 두 가지 의문이 생깁니다. 그렇다면 수학적 지식의 확실성을 확보하기 위해 대체 어디까지 거슬러 올라가야 할까요? 만약 그렇게 올라간 종점(연역의 시작점)이 존재한다면, 그 명제의 확실성은 무엇으로 보장할 수 있을까요?

기원전 3세기 무렵 지식의 중심지는 알렉산드리아의 왕립 연구 기관인 무세이온(Mouseion)이었습니다. 무세이온의 대표적인 학자였던 에우클레이데스, 즉 유클리드는 과거부터 당시까지 통용되던 기하학의 수많은 지식을 체계화하고자 했죠. 그는 여기저기 흩어져 사용되던 기하학의 지식을 모두 모아 나열하고, 그것들의 인과관계를 찾아 논리적으로 정리했습니다. 비유하자면 현재 우리나라에서 통용되는 법률 조문을 모두 늘어놓고 의존 관계(논리적 선후관계)를 규명해 위계를 세웠다는 뜻입니다.

지극히 어려웠을 이 과정을 유클리드는 성공적으로 마무리했습니다. 그 결과, 모든 기하학의 명제들이 의존하고 있는 최종적 근거로서 23개의 정의(definion)와 5개의 공준(postulate), 그리고 5개의 공리(axiom)를 찾아냈습니다. 정의는 사용되는 필수 용어를 모아서 그 함의를 명확하게 밝힌 것입니다. 공준과 공리는 다

파피루스에 쓰인 「원론」 조각

른 명제에 의존할 필요가 없을 정도로 확실하게 성립하는(스스로 자신을 증명할 수 있는) 수준까지 궁극적으로 밀고 들어가서 가장 단순한 모습으로 정리한 거고요. 그중에서도 공준은 수학의 영역 내에서 성립하는 것(예를 들어 서로 다른 두 점은 유일한 직선을 결정한다), 공리는 수학이 아닌 영역까지 확대할 수 있는 일반적인 것(예를 들어 전체는 부분보다 크다)을 말합니다.

유클리드는 자신이 구성한 정의, 공준, 공리에 근거해 당시 사용되던 기하학의 모든 지식(465개의 정리)을 논리적으로 추론해 내고, 그 과정을 책으로 담아냅니다. 이 책이 바로 『원론』입니다.

① 사용되는 용어의 의미를 분명하게 한계 짓고
② 누구도 의심하지 않을 정도로 명백한 명제를 찾아 추론의
   시작점으로 설정한 후,
③ ①과 ②, 그리고 논리에 의해서만 문제를 해결한다.

애매하지 않은 용어(정의)와 확실한 전제(공준과 공리)는 결과의 필연성을 보장해 줍니다. 유클리드는 보조선을 이용하여 도형을 바라보는 관점을 끊임없이 이동시키면서, 당연한 사실(선행 지식)로부터 새로운(당연해 보이지 않는) 사실에 도달하는 사유의 마술

을 아름답게 보여 주었습니다. 그러한 면에서 『원론』은 일종의 예술서라고 할 수 있죠.

이 책은 흔히 '기하학 원론'이라고 불리기도 하지만, 사실 유클리드는 책의 제목을 기하학 원론 또는 수학 원론이라고 하지 않고 그냥 '원론'이라고 지었습니다. 그리고 공준을 설명하며 어떠한 그림도 추가하지 않았죠. 책의 용도가 기하학(수학)의 범위로 제한되는 것을 원하지 않았기 때문입니다. 요컨대 유클리드는 자신이 쓴 『원론』을 수학책으로 규정하지 않았습니다. 그는 원론을 통해 당시 최첨단 지식이었던 기하학(수학)을 체계화하면서 인간 사유의 기본 원리를 밝혔습니다. 이렇게 순수한 연역적 사유 방식을 다른 모든 영역에 적용하여 이론을 구성하고 문제를 해결한다면, 필연적이고도 생산적인 결과를 도출하여 인류의 발전에 기여할 수 있을 것으로 생각했죠.

유클리드에서 아르키메데스를 거쳐 스피노자까지

유클리드의 사고를 잘 이해하고 자신의 영역에서 창조적으로 실행하여 훌륭한 성과를 만들어 낸 학자들이 많습니다. 그 대표 선수로 아르키메데스, 뉴턴, 스피노자를 꼽을 수 있죠.

먼저 아르키메데스는 원론의 공리적 사고를 물리 현상에 최초로 접목하여 많은 훌륭한 성과를 이루어 낸 인물입니다. 지렛대의 원리(principle of leverage)를 실험이 아닌 순수논리로 증명했으며, 이를 이용해 구의 부피 공식을 발견하고 부력의 원리를 찾아냈죠. 그는 순수논리를 물리 현상에 연결해 낸 공로로 수리물리학의 창시자로 불리게 됩니다.

저는 아르키메데스의 글을 읽으면서 최소한의 기본 원리로 최대한의 복잡한 성과를 만들어 내는 그의 논리 전개 능력에 혀를 내둘렀습니다. 동시에 이런 일을 할 수 있는 사람이 역사상 몇 명이나 될까 하는 회의적인 생각을 했죠.

아르키메데스는 제2차 포에니 전쟁(지중해 해상 무역권을 둘러싸고 로마와 카르타고 사이에 벌어진 전쟁) 와중에 비극적인 죽음을 맞이합니다. 앞서 살펴봤듯 가장 권위 있는 수학상인 필즈 메달에는 그의 흉상이 부조로 새겨져 있는데, 전쟁의 와중에 맞이한 비극적인 죽음이 영향을 미친 것 같기도 합니다.

내 도형을 밟지 마시오.
- 아르키메데스(기원전 287~기원전 212 추정)

아르키메데스의 못다 이룬 꿈은 17세기에 와서 뉴

턴에 의해 구현됩니다. 뉴턴은 스스로 구성한 운동의 세 가지 기본 법칙(관성의 법칙, 가속도의 법칙, 작용과 반작용의 법칙)을 통하여 지상과 하늘에서의 모든 운동을 기술하고 예측할 수 있는 공식들을 구성해 냈죠. 그 옛날 아르키메데스가 유클리드적 사고를 통해 물리학이라는 학문의 가능성을 처음으로 열었다면, 뉴턴은 물리학을 수학과 동등한 독립적인 학문으로 우뚝 세웠다고 할 수 있습니다. 그의 저서 『자연철학의 수학적 원리(일명 '프린키피아')』는 근대 유럽의 가장 중요한 학문적 성과 중 하나로 여겨집니다.

17세기 물리학의 성립과 발전은 다른 영역에도 영향을 주게 됩니다. 인문학의 제왕인 철학도 그 영향을 피해 갈 수 없었죠. 첫 장에서 잠시 만나 본 스피노자는 유대인이었지만 신의 배타성과 폭력성을 그대로 인정하는 유대교의 교리(선민의식)에 의문을 품었습니다. 그는 만약 신이 실제로 존재한다면 대자연의 섭리(법칙)를 벗어나는 일을 할 수 없고 섭리 또한 신을 위배할 수 없을 것이 분명하므로, 둘은 동일해야 한다고 생각했습니다.

이처럼 신과 자연을 동일시한 스피노자의 철학은 근대 물리학의 발전, 더 근본적으로는 논리적 필연에 기초한 보편 법칙(universal law)을 주장하는 유클리드의 『원론』을 배경으로 해야만 이해할 수 있죠. 그는 데카르트와 갈릴레이가 시작하고 뉴턴이 정립한 근대 물리학의 빛나는 성과를 인정하면서도, 그 법칙이 물질세계에만 적용되는 것을 이해할 수 없었습니다. 수학적으로 계산되고 예측되는 물리 법칙이 진실로 보편적인 원리라면, 날아가는 돌멩이뿐 아니라 매일 울고 웃는 인간의 감정에도 그대로 적용되어야 마땅했죠.

따라서 스피노자는 물질과 정신을 분리해서 이해한 데카르트의 이원론을 극복하고, 모든 것을 하나의 원리로 통합하고자 시도합니다. 그는 『원론』의 체제를 참고하여 8개의 정의와 7개의 공리를 먼저 제시한 후, 이에 따라 명제를 증명하는 방식으로 자신의 철학 체계를 구성해 냈습니다. 그리고 책 제목을 『기하학적 순서로 증명된 윤리학(일명 '에티카')』이라고 지었죠.

그는 『에티카』에서 공리와 정의에 의지하여, 인간의 육체와 정신은 하나의 실체(신)의 변용이며 결코 둘이 아니라는 논리적 결론에 다다릅니다. 이러한 결론을 통해 영혼 불멸론을 배격하고, 살아 있는 인간의 감정(정서)의 활동성 속에 신성이 깃들어 있다고 봤죠. 나아가 신=자연이므로 우리가 만나는 모든 것 속에 깃들어 있는 필연성을 이해한다면 진정한 자유를 획득할 수 있다고 역설했습니다.

① 삶에서 만나는 어떠한 사건도 그 속에 필연성(신성)이 있다. 즉, 그럴 만한 이유가 있어서 일어났다. 비극조차도 필연이다.

② 이성의 능력을 키워서 그 논리적 원인을 이해한다면,

③ 결과를 기꺼이 받아들임으로써 자유를 획득할 수 있다.

$$필연 \rightarrow 자유$$

$$\uparrow$$

$$인식$$

이해가 조금 어렵다면, 친구와 다퉜을 때를 떠올려 볼까요? 어떤 일로 친구에게 화가 났다가 나중에 사정을 이해하게 된 경험이 있을 겁니다. 오해가 풀리면서 분노라는 감정으로부터 '자유'로워지게 되죠. 이렇듯 자유는 의지나 열정이 아니라 '인식'을 통해서 얻어집니다.[8]

스피노자는 평소 노력을 통해 이러한 인식 능력(논리적 인과관계를 파악하는 능력)을 지극한 수준으로 끌어올린다면, 어떠한 일에서도 자유(정서적 평온)를 잃지 않을 수 있다고 했습니다. 스피노자의 '필연=자유' 이론은 헤겔과 니체를 비롯하여 베르그송이

나 들뢰즈 같은 현대 철학자들에게도 큰 영향을 미치게 됩니다. 유클리드에서 시작된 공리주의가 아르키메데스와 뉴턴을 거치며 물리학을 성립시켰고, 스피노자를 통해 철학의 모습까지 바꾸게 된 거죠.

일상에서 공리를 활용하는 법

공리는 수학 외에도 우리가 살아가는 사회 곳곳에서 모습을 드러냅니다. 예를 들어 법을 생각해 봅시다. 대한민국은 민주주의 국가로 법치주의를 기본 원리로 합니다. 법이란 국민의 자유와 권리를 보장하기 위해 만들어진, 명제들의 논리적 의존 관계에 기초한 하나의 완결된 시스템입니다. 그렇다면 이 시스템의 맨 처음, 즉 법의 시작점, 유클리드식으로 표현하면 '공리'는 무엇일까요? 바로 헌법입니다. 대한민국 헌법은 다음과 같은 공리로 시작합니다.

1조 1항: 대한민국은 민주공화국이다.

1조 2항: 대한민국의 주권은 국민에게 있고 모든 권력은 국민으로부터 나온다.

민주주의 사회에서 살아가기를 바라는 그 누구도 반감을 품거나 이의를 제기하지 않을 만큼 자명하다고 판단되는 최후의 진리를 헌법(공리)으로 삼아서, 시스템의 최상위에 위치시킨 겁니다. 공리에 근거하여 다른 수학 명제들(정리)이 만들어지듯이, 헌법에 기초하여 개별 영역의 법률들이 만들어집니다. 만약 헌법재판소에서 특정 법률이 헌법 정신을 위배한다고 판단하면, 그 법률의 효력은 즉각 상실됩니다. 공리와 모순되는 수학 명제가 곧바로 폐기되듯이 말이죠.

법 시스템을 통해 비추어 볼 때, 우리는 유클리드가 제시한 공리적 사고가 그 자신의 고유한 발명이라기보다는 인간 사유의 보편적 틀이라는 생각을 해 볼 수 있습니다. 대상이 무엇이 되었든지 논리적 사고는 인과관계를 따라 전개되기 때문이죠.

법치주의와 같은 거창한 대상이 아니더라도 우리 일상 속 어디든 공리적 사고가 숨어 있습니다. 우리 스스로 인지하지 못할 뿐, 살아가면서 마주치는 일상적인 문제를 논리적으로 정리하여 체계화할 때 여지없이 작동하죠. 예를 들어 볼까요? 저와 같은 고등학교 교사는 교과 수업, 담임 업무, 학사 행정 업무, 이렇게 세 가지 종류의 일을 합니다. 그중 학사 행정 업무는 학교가 시교육청이나 지원청과 연계하여 진행하는, 그야말로 행정 업무죠.

보통 교사마다 몇 년 주기로 순환하면서 다양한 업무를 경험해 보게 됩니다.

제 경우, 올해 초에 후임 교사에게 업무 인수인계를 해야 할 일이 있었습니다. 저는 기존에 진행했던 업무 관련 파일(매뉴얼)을 후임자에게 만들어 주기로 했습니다. 그런데 3년 반 동안 행정부장 일을 했기 때문에 업무 관련 파일의 양이 상당히 많았죠. 저는 다음과 같이 일의 순서를 잡아 봤습니다.

① 업무별로 폴더를 만들어 그 속에 해당 업무 관련 파일들을 집어넣는다. 이때 파일들은 업무의 진행 순서대로 번호를 붙인다.

② 만들어진 여러 개의 업무별 폴더들(f1, f2, f3, …)에 제목을 붙인다.

③ 업무별 폴더들의 제목을 공통으로 아우르는 상위 제목의 폴더를 새로 만들어 f1, f2, f3, …을 담는다.

④ ②와 ③을 반복하며 상위 폴더를 계속 만든다.

⑤ 의미 있는 제목을 가진 '최소한의' 상위 폴더를 만들었다고 판단되는 순간이 오면 멈춘다.

⑥ 매뉴얼(폴더들)을 후임자에게 넘겨 준다.

컴퓨터 파일을 정리하는 일일 뿐이지만 사실 이러한 과정은 기하학의 공리를 구성해 가는 과정과 동일합니다. 상위 폴더를 구성하는 과정 자체가 논리적 원인을 찾아가는 과정이기 때문이죠.

후임자가 특정한 업무를 수행해야 할 상황이 오면, 하나의 폴더를 시작으로 폴더 속의 폴더들을 계속 열람하며 드디어 마지막에 그 업무와 직접 연관된 파일에 도달하게 될 겁니다. 그러니 업무량이 많고 복잡할수록 오히려 논리적 인과에 따른 체계 구성이 필수적이죠.

이 밖의 일상적 판단을 내릴 때도 인과는 중요합니다. 삶은 선택의 연속이며, 우리는 매일 새로운 정보를 만나고 판단을 합니다. 이때 판단의 기준 또한 정확한 인과관계를 따라야 하죠. 그럴듯한 개연성과 근거 없는 그 무엇(가치관, 신념 등)에 기초하여 함부로 판단하고 결정해서는 안 됩니다. 하지만 우리는 늘 실수하고 일을 그르치고 맙니다.

문제 상황에 대한 인과관계를 정확히 파악하려면 무엇보다 정보가 필요합니다. 이때 특정한 정보만 고집하지 말고 다양한 경로의 정보에 마음을 열어 놓아야 합니다. 정보를 아주 많이 갖고 있는데도 잘못된 결정을 내렸다면, 이를 제한적으로 받아들였기 때문일 가능성이 큽니다. 이러다 보면 확증 편향(confirmation bias)에 빠지기 쉽죠. 확증 편향이란, 원래 갖고 있는 생각이나 신념을 계속해서 다시 확인하려는 경향성입니다. 흔히 '사람은 보고 싶은 대로 본다'는 말로 표현되는 바로 그 특성이죠. 이것은 결코 지식의 양이 부족해서 생기는 게 아닙니다.

문제에 대한 다양한 시각을 가지게 되면 어느 순간에 인과관계의 사슬이 어렴풋이 보이기 시작합니다. 눈높이가 올라가는 거죠. 개별 대상(각각의 파일)이 아닌, 그들을 관계 짓고 있는 구조(상위 폴더)의 인식이야말로 이해의 핵심입니다. 그 인과관계가 명확히 잡히지 않는 부분에 대해서는 억측하지 말고 판단을 보류하는 게 좋습니다. 열린 마음으로 합리적 태도를 유지한다면 퍼즐이 정확히 맞춰지는 순간이 곧 올 테니까요.

자장이 녹(관직) 구하는 법을 물으니,

공자가 대답했다.

"많이 듣되 의심나는 것은 보류하고

그 나머지를 신중하게 말하면

오류가 적을 것이다.

많이 보되 애매한 것은 보류하고

그 나머지를 신중하게 행하면

후회가 적을 것이다.

말에 오류가 적고 행동에 후회가 적으면

녹은 그 속에 있다."

-『논어』위정편

공리②
발견에서 발명으로

당연한 것은 없다.
익숙한 것이 있을 뿐.
- 이 책의 저자 -

비유클리드 기하학: 자명한 것은 없다

'공리주의(公理主義)'는 자명한 공리의 발견과 그로부터의 연역을 기본 틀로 합니다. 그것은 확실하고 변하지 않는 진리를 찾는 유일한 방법으로 오랫동안 인정받아 왔습니다. 수학은 학문의 원형이었고, 『원론』은 진리의 세계 한가운데서 마치 가톨릭의 교황과 같은 절대적 권위를 누리고 있었죠.

그런데 19세기 들어 수학계 내부에 두 가지 커다란 사건이 일어납니다. 비유클리드 기하학(non-Euclidean geometry)과 집합론

(set theory)의 탄생이 그것입니다. 이 두 사건을 통해 수학계는 자명성(self-evidence)이라는 환상에서 점차로 벗어나게 됩니다. 이것은 수학으로 대표되는 진리의 세계에서 코페르니쿠스적 전환이라고 말할 수 있는 사건이었습니다. 지구가 우주의 중심에서 변방의 이름 모를 행성으로 그 위치가 조정되었던 것처럼,『원론』은 유일한 기하학(the geometry)에서 하나의 기하학(a geometry)으로 위치가 조정되거든요. 수학의 역사 전체를 통틀어 가장 중대한 인식의 전환이라고 할 수 있습니다. 어떻게 이런 일이 가능했을까요?

처음 유클리드가『원론』에서 확립했던 기하학은 다섯 개의 공준(헌법)을 가지고 있었습니다.

① 한 점에서 다른 점으로 선분을 그을 수 있다.

② 선분을 원하는 만큼 연장할 수 있다.

③ 임의의 중심과 반지름을 가진 원을 그릴 수 있다.

④ 모든 직각은 같다.

⑤ 직선 밖의 한 점을 지나면서 그 직선에 평행한 직선은 유일하게 존재한다.

이 가운데 ⑤번 공준이 문제로 떠올랐습니다(원래 문장은 더 복잡한 형태인데 동치인 다른 명제로 대체). 그림을 그려 생각해 보면 당연한 내용처럼 느껴지는데요. 하지만 이 공준은 앞선 공준들과는 달리 문장이 길고 표현이 상대적으로 복잡했기 때문에, 공준이 아니라 나머지 4개의 공준으로 증명할 수 있는 정리(theorem)가 아닐까 여겨졌습니다.

유일한 평행선

그리하여 수많은 사람이 이 공준의 '증명'에 도전하게 됩니다. 누구든 증명하기만 하면 최고의 명예(무려『원론』수정!)가 보장되는 문제였지만, 누군가의 표현대로 바닥 없는 우물에 빠져 끝없이 추락하는 것처럼 영혼을 빨아들이는 괴물 같은 문제이기도 했습니다. 언제부턴가 이 공준에는 '평행선 공준'이라는, 악명이라고 할 만한 이름이 붙었죠.

1830년을 전후로 로바체프스키, 보여이, 가우스, 세 사람의 수학자가 드디어 해답을 찾아냅니다. 그들을 포함해 누구도 예상치 못한 답이었죠.

평행선 공준은 나머지 4개의 공준으로 증명할 수 없다. 다시 말해서 논리적으로 독립이다.

이 결론은 두 가지 함의를 지닙니다. 첫 번째는 유클리드 체제의 완벽성입니다. 유클리드가 평행선 공준을 '정리'가 아닌 '공준'으로 놓은 건 정당한 조치였던 걸로 밝혀졌으니까요. 두 번째는 유클리드 체제의 한계입니다. 완벽하다고 해 놓고 한계라니요? 안타깝지만 사실입니다. 평행선 공준이 4개의 공준과 독립적이라면, 평행선 공준의 부정 또한 4개의 공준과 논리적으로 공존할 수 있다는 뜻이기 때문입니다.

① 한 점에서 다른 점으로 선분을 그을 수 있다.

② 선분을 원하는 만큼 연장할 수 있다.

③ 임의의 중심과 반지름을 가진 원을 그릴 수 있다.

④ 모든 직각은 같다.

⑤ 직선 밖의 한 점을 지나면서 그 직선에 평행한 직선은 2개 이상 존재한다(또는 존재하지 않는다).

직관적으로 받아들이기 어렵지만 논리적으로는 모순이 없는 이 시스템을 비유클리드 기하학이라고 부릅니다. 유클리드가 만들어 놓은 시스템은 유일한 시스템이 아니라 하나의 시스템일 뿐, 다른 시스템도 존재할 수 있다는 사실이 증명된 셈입니다. 우리가 여태까지 받아들였던 자명성이 사실상 근거 없는 것이라면, 수학적 진리의 궁극적 기준이 무엇인지에 대한 근원적 질문을 다시 던지게 된 거죠. 이로써 아이가 부모의 그늘에서 벗어나듯 수학은 유클리드의 그림자에서 벗어나게 됩니다.

집합론: 수학의 '헌법'을 바꾸다

이렇듯 도형에 대한 직관이 믿을 수 없는 것으로 드러났기 때문에, 수학자들은 수학의 논리적 기초를 기하학(도형)이 아닌 대수학(수)에서 찾기로 했습니다. 도형은 점의 모임이며 점은 좌표평면에서 실수의 순서쌍으로 나타낼 수 있죠. 즉, 도형의 문제는 수의 문제로 전환할 수 있다는 뜻입니다. 수학의 확실성은 수직선 위의 점인 실수(real number)의 성질에 기초해야 합니다. 자, 이제 실수의 성질을 규명한 후, 이를 기초로 수학의 공리 시스템을 재구성하는 방향으로 논의가 모였습니다.

1880년대가 되어 독일의 수학자 칸토어와 데데킨트는 집합이라는 도구를 통해 실수의 성질을 효율적으로 다룰 수 있음을 발견합니다. 실수뿐 아니라 유리수와 정수, 자연수 등 수가 가진 비직관적인 성질, 이전까지 아무도 알지 못했던 놀라운 성질들을 발견하는 데 집합이라는 개념이 필수적이라는 사실을 알게 된 거죠. 특히 칸토어는 집합을 통해 무한이라는 번거로운 개념을 수학의 영역 안으로 끌어와 계산 대상으로 만들어 내는 데 성공합니다. 이것이 집합론의 시작입니다.

두 사람 덕분에 집합론은 점차 수학의 가장 근본 개념으로 자리 잡게 됩니다. 집합론은 단순히 근본 개념일 뿐 아니라 수학의 여러 영역의 지식을 규합하고 체계화하여, 이미 알고 있었던 진리를 통합적인 관점에서 새롭게 이해할 수 있게 해 주었습니다. 이러한 집합론의 놀라운 효능에 힘입어 수학 공리 시스템의 철학은 미묘하게 재설정되죠.

다시 일상적인 예시를 들어 보겠습니다. 우리가 어떤 일을 할 때는 먼저 기존의 매뉴얼을 따라 하게 되죠. 그러다 보면 자연스럽게 맨 꼭대기 위에 있는 근거(규정)에 다다르게 됩니다. 그리고 시간이 지나면서

수학의 본점은 자유로움에 있다.
- 칸토어(1845~1918)

규정을 개정(수정)해야 하는 시점이 오게 되고요. 10년 전에는 합당했던 것이 지금 시대에나 상황에는 전혀 맞지 않을 수 있으니까요. 업무를 수행하면서 심각한 상황들을 접하고 수많은 고민을 한 사람이라면 이 시점에서 기존 규정과 관례에 얽매이지 않고 싶다는 생각을 할 수도 있습니다. 많은 문제를 효율적으로 해결할 수 있게끔 획기적으로 규정을 바꾸고 싶어지는 겁니다.

집합론이 등장하면서 수학의 역사에서 일어난 일도 근본적으로 이와 같습니다. 수학자들은 집합이라는 개념을 통해 수학의 전 영역에 모순이 없으며 기존의 난해한 문제들을 효율적으로 해결할 수 있을뿐더러 보다 완성된 모습이 되도록, 수학을 '만들어' 내는 방향으로 공리 시스템을 구성해 내게 됩니다. 수동적 입장(발견)에서 능동적 입장(발명)으로 선회한 거죠.

이들은 우선 집합을 통해서 자연수를 정의하고 그 성질을 증명합니다. 결합법칙, 교환법칙, 분배법칙 등 당연한(그야말로 자연스러운) 것으로 알고 있었던 법칙들이 모두 증명될 수 있는 정리로 변했죠. 그다음, 자연수의 성질로부터 정수를 구성하고 정수를 통해서 유리수를 구성합니다.

집합
|
자연수
|
정수
|
유리수
|
실수
기하   대수   해석
(도형)   (수)   (변화)

그리고 유리수를 가지고 가장 어려운 단계인 실수를 구성해 냅니다. 마침내 실수의 성질로부터 기하학과 대수학, 그리고 해석학의 모든 명제가 증명되어 나오죠. 이 시스템이 안정적인 만큼 유클리드 기하 시스템도 안정적입니다. 그리고 정확히 그만큼 비유클리드 기하 시스템도 안정적이 됩니다.

연역의 연료는 '공리'가 아닌 '직관'

여기서 마지막 질문이 생깁니다. 자명성이라는 환상이 벗겨진 상황에서 집합론의 궁극적인 안정성(무모순성, consistancy)을 무엇이 보장해 줄까요? 이 질문에 답하기 위해 만들어진 학문 영역이 바로 수학기초론 또는 수학철학(philosophy of mathematics)입니다. 집합론이 생각보다 안정적이지 못할 수도 있다는 몇몇 증거들(칸토어의 역설, 러셀 역설)이 나타나면서 수학계는 근본 논쟁에 휩싸이게 됩니다. 생각해 보면 이상한 일이었죠. 이를테면 자신이 '존재한다'는 사실을 다른 존재의 전제 없이 '자신만으로' 증명하는 것이 가능할까요? 이것은 순환논법이 아닐까요?

결국 20세기 들어 수학계는 자연수론을 포함한 집합론에 모순이 없음을 증명할 수 없다는 것을 증명하고야 맙니다(괴델의 불완전성정리). 비유하자면 사람이 자신의 어깨를 딛고 일어서는 것이 불가능한 것과 같죠. 공리주의의 최후 결론은 '현재 상태'에서 집합론의 모든 문제점(모순 발생의 가능성)을 개선한 최선의 공리계를 만드는 것, 그것이었습니다. 그 이상은 불가능했으니까요. 이렇게 만들어진 것이 체르멜로-프렝켈 공리계(ZF)입니다. 비유클리드 기하학에서 시작된 기나긴 여행의 종착점이었죠.

공리주의는 믿을 수 없는 직관을 배제하고 오로지 논리로 정당화할 수 있는 극한까지 인내하며 가 본 지적 여행이었다고 할 수 있습니다. 언제 폭풍우가 다시 몰아칠지 모르지만 그때가 되면 다시 배를 고쳐 항해를 이어 갈 수 있겠죠.

우리는 법치주의 사회에서 살고 있지만 그렇다고 매일 법전을 들춰 보지는 않습니다. 우리의 사소한 행동 하나하나가 법에 맞는지, 혹시 문제가 되지는 않는지, 헌법 조문을 일일이 찾아 가면서 행동하다가는 숨 쉬는 것조차 두려워서 아무 일도 할 수 없을 겁니다.

다행히 우리는 생전 처음 행하는 선택이라도 상식과 경험을 통해 이것이 법에 위배가 될지 아닐지 어느 정도 판단할 수 있습니다. 이렇게 상식과 경험에 근거해 즉각적으로 이루어지는 판단을 한 단어로 '직관'이라고 하죠. 우리는 일상적인 삶에서 만나는 문제 상황에서 대부분 직관으로 판단하고 이후에 논리라는 수단을 통해 우리의 직관을 검증합니다.

앞 장들에서 이야기한 귀납과 유추가 바로 직관적인 사유의 구체적인 사례입니다. 살인 사건을 수사하는 형사를 떠올려 볼까요? 그는 현장에 남겨진 단서들이 주는 패턴, 또는 알고 있던 사건과의 유사성에 기초해 짧은 시간에 용의자를 좁히고 알리바이, 지문, 유전자 감식 등을 통해 자신의 가설을 검증합니다. 수학 또한 마찬가지입니다. 귀납과 유추 등에 의해 개략적인 판단을 내리고 사유의 방향을 정한 후, 엄밀한 논리에 의해 그것을 검증하게 되죠. 그렇기 때문에 직관과 논리는 사유라는 동전의 양면이며 서로를 긴밀히 필요로 합니다.

더불어 직관은 연역의 연료이기도 합니다. 연역의 전제로서 공리를 자세히 살펴보기는 했지만, 사실 공리주의는 연역의 결과를 안심하고 믿을 수 있게 해 주는 선행 안전장치 제작의 철저한 역사일 뿐, 공리 자체가 연역을 수행하게 해 주지는 않습니다. 연역이라는 움직임을 가능하게 만드는 것은 궁극적으로 인간의 '직관'이라는 점을 잊지 말아야 합니다.

4부

수학적으로
해결한다는 것

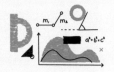

동료 교사가 저에게 이런 질문을 한 적이 있습니다. $7x - x$를 7로 이해하는 학생에게 정답 $6x$를 어떻게 이해시킬 거냐고요. 조금 시간이 흐른 후, 제 옆에 앉아 있던 다른 동료 교사가 다음과 같이 대답했습니다.

"'7만 원에서 만 원을 빼면 얼마가 남지?'라고 질문하면 그 학생은 분명히 6만 원이라고 대답할 거예요. 그때 만 원의 자리에 x를 대입해 주면 되지 않을까요? 이해한다면 그 학생은 단지 처음에 문자 표기 약속을 잘못 이해했을 뿐 심각한 학습부진아는 아닌 거죠."

수학 문제를 해결하는 것은 기초적인 약속에서 출발해 점차 수준 높은 기호 조작의 세계로 나가는 과정입니다. 집중력과 연습, 때로는 순발력까지 필요로 하는, 몸과 마음의 종합 예술이라고 할 수 있죠. 초등학교 교과서에 있는 쉬운 수학 문제라 하더라도 구구단 암기와 기본 알고리즘의 습득, 그리고 유사한 문제들의 연습이 필요합니다. 중·고등학교로 올라오면서 만나는 문제는 더 조직적이고 깊은 사고를 요하기 때문에, 연습의 단순 반복이나 유사한 유형 묶어서 풀기 정도로는 극복하기가 어렵습니다. 공식과 개념을 이해하는 능력과, 그것을 문제에 적용할 수 있는 능력은 사실상 별개이기 때문입니다. 우리는 수학 문제를 푸는 연습을 수없이 했지만 그것을 해결하는 과정을 메타적으로 살펴보고 이해하려 노력해 본 경험은 드뭅니다. 4부에서는 수학자 포여 죄르지의 문제 해결 이론을 통해, 이 경험을 함께 시작해 보고자 합니다.

포여의
문제 해결 이론

많은 문제를 풀기보다
하나의 문제를 깊이 생각하라.
- 퍼즐리스트 A -

때로는 암기하고, 때로는 포기하고, 가끔은 이해하며

제가 교사 일을 시작하고 얼마 되지 않았을 때 겪은 일입니다. 1학기 중간고사가 끝난 다음 날이었는데 수업이 끝난 후에 한 학생이 복도로 따라 나왔습니다. 평소에 저에게 질문도 많이 해서 가깝게 지냈던 학생이었죠.

"선생님. 교과서하고 기출문제집 세 번 돌렸어요. 세 번이요. 그런데 이게 뭐예요. 어떻게 이럴 수가 있냐고요?"

교과서와 문제집에 있는 모든 문제의 풀이 과정을 모조리 암기하다시피 열심히, 그야말로 열심히 공부했는데 왜 문제를 요상하게 비틀고 꼬아서 자신의 노력을 물거품으로 만드느냐는 항의 아닌 항의였습니다. 그 학생도 내심 어느 정도는 알았을 겁니다. 뭔가 어긋나 있다는 것을…. 하지만 그렇게라도 억울하고 허전한 마음을 해소해야 했겠죠. 제가 뭐라고 대답했는지는 기억이 나지 않습니다. 다만 교과서를 한 손에 들고 복도 귀퉁이에 비스듬히 서서 미안함과 안타까움을 속에 담은 채, 기말고사는 절대로 수학 공부 안 할 거라는 학생의 울분에 찬 협박(?)을 들어야 했죠.

우리는 중·고등학교에서 6년 동안 수학을 공부하면서 그야말로 고행에 가까운 체험을 합니다. 도저히 안 풀리는 문제, 무슨 말인지도 모를 기호의 향연을 둘러싸고 때로는 암기하고 때로는 포기하고 가끔은 이해하면서 극기 훈련을 하죠. 저도 마찬가지였습니다. 제 은사님 중 한 분은 심지어 수학이 암기과목이라고 설파하기까지 했습니다. 어려운 문제일수록 많은 공식이 사용되니까 유형별로 풀이법을 미리 암기해 둬야 한다는 거였죠.

이렇게 힘든 시간 속에서 나름의 방법을 개발하여 버텼지만 '수학적으로 문제를 생각하고 해결하는 법'을 아름답게 체득하고 싶다는 생각은 늘 가지고 있었습니다. 대학에 진학해서 문제 해결 이론을 배우고 또 교사가 되어 학생들을 지도하면서 나름의 경험이 쌓였고, 이제 고등학생 시절에 가졌던 의문에 조그만 답변을 할 수 있게 되었습니다.

범인을 추적하는 형사의 활동을 생각해 볼까요? 사건을 조사하며 범인을 추적하는 형사는 어떤 사고 과정을 거칠까요? 우선 그는 현장 증거(자료)를 꼼꼼하게 수집할 겁니다. 그리고 과거의 경험과 논리에 의지하여 자료를 분석해 용의자를 추립니다. 초기 분석에서 과거의 경험은 매우 중요하며 사고의 방향을 제시해 주죠. 다음은 추려진 용의자가 진범임을 증명하는 단계입니다. 예를 들면 형사가 용의점을 바탕으로 용의자의 알리바이를 깨트린 후, 수색 영장을 발부받아 용의자의 DNA가 담긴 증거를 발견하면서 증명이 완료되는 식입니다. 순서와 내용에 정도의 차이는 있을지언정 대략 이런 틀 속에서 형사 사건의 수사가 진행됩니다.

수학 문제 해결도 이와 마찬가지입니다. 문제를 분석해서 답으로 끌고 가는 방법이 일률적으로 정해져 있는 건 아니지만 큰 틀에서 작용하는 규칙은 분명히 존재합니다. 그것을 처음으로 연구하여 이론화한 학자가 바로 헝가리 출신의 미국 수학자이자 수학교육학자인 포여입니다. 그는 직관(발견)과 논리(증명)가 얽혀서 사용되는 다양한 사례를 통해, 복잡하고 어려운 문제를 접했을 때 어떤 방식으로 생각하고 고민하고 싸워서 단서를 찾아내고 이를 통해 문제를 해체-재조합하여 결국 해결해 나가는지에 대한 완결된 스토리를 우리에게 들려줬습니다. 이 스토리에서 핵심은 문제의 유형이 아니라 사고의 유형입니다.

포여의 이론은 발표 이후 많은 사람에 의해 연구되고 발전했는데요. 이 장에서는 그의 기본 이론을 소개하며, 이 이론을 소중한 단서로 삼아 버거운 문제 상황을 타개하기 위해 어떻게 생각해야 할지 살펴보도록 하겠습니다.

수학 문제 해결 4단계

포여의 이론에 따르면, 수학 문제 해결의 과정은 크게 4단계로 나누어 설명할 수 있습니다. 이해-계획-실행-반성이 그것입니다. 순서대로 살펴보겠습니다.

① 이해

해결의 방향을 결정하는 가장 중요한 단계입니다. 포여는 '이해가 되지 않는 문제에 답하려고 하는 건 어리석은 일'이라고 말합니다.[1] 당연한 말 아니냐고요? 하지만 실제로 우리는 문제를 제대로 이해하지 않은 채, 무작정 답을 찾으려 애를 쓰고 그러다가 문제의 늪에 빠져서 허우적대는 경우가 아주아주 많습니다. 운 좋게 문제를 해결하더라도, 자신이 어떻게 시작했고 어떻게 단서를 찾아서 해결의 단계로 나아갔는지 스토리텔링이 안 되기 때문에 유사한 문제를 다시 만나면 여전히 허우적댈 수밖에 없습니다.

그런데 이해란 무엇일까요? 그것은 문제가 묻는 것을 명확히 인지하고 제시된 조건을 확인하는 일입니다. 문제가 말하는 것을 나의 언어로 나에게 다시 묻는 것이죠. 문제를 문제화하라! 문제를 만난 순간이 아니라, 자기 자신에게 질문을 던진 순간부터 문제 해결이 시작됩니다.

문제 이해하기
- 미지의 것은 무엇인가?
- 자료는 무엇인가?
- 조건은 무엇인가?[2]

② 계획
이해를 통해 문제가 요구하는 것(쉽게 말해 문제의 정체)을 알았

고 주어진 자료와 조건을 분석했나요? 그다음으로는 내가 알고 있는 선행 지식(정보)을 제시된 조건과 결부해야 합니다. 곧바로 연결되기 어려워 보인다면 필요한 보조 요소를 도입해야 하고요. 문제의 조건과 연결될 수 있는 정보를 찾고 선택하여 문제 해결의 밑그림을 그리는 단계, 그것이 포여가 말하는 계획입니다.

계획 만들기

• 이전에 유사한 문제를 본 적이 있는가?

• 조건과 관련된 정보를 알고 있는가?

• 어떤 보조 요소를 사용하면 좋을까?[3]

③ 실행

계획 단계에서 이루어진 대로 문제의 조건을 관련된 정보와 연결해 봅니다. 곧바로 연결되지 않을 때는 보조 요소를 사용하는데요. 보조 요소는 귀납과 유추, 일반화, 특수화, 정의로 돌아가기, 분해 후 재결합, 거꾸로 생각하기, 그림 그리기, 반대 가정을 이용하기 등의 방법을 말합니다.

한 문제를 해결하는 방법이 하나로 정해져 있지 않기 때문에 이 단계는 시행착오를 거치면서 조금씩 앞으로 나아가는 방식으로 이루어지며 많은 인내를 요구하는 가장 힘든 단계입니다. 하지만 숱한 시도 끝에 드디어 실마리를 잡아 해결의 빛이 보이는 순간의 유쾌함은, 수학을 공부하는, 아니 사유를 실천하는 가장 큰 보람이라고 말할 수 있습니다.

계획 실행하기

- 관련 정보를 조건과 연결하자.
- 보조 요소를 통해 문제를 변형하자.
- 한 번에 안 되면 다른 방법을 고민하자.[4]

④ 반성

여러분, 바둑 경기를 본 적이 있나요? 바둑에는 독특하게도 복기(復棋)라는 절차가 있습니다. 프로 기사 두 사람이 경기를 마친 후, 처음부터 다시 두면서 의견을 교환하며 자신과 상대방의 선택들에 대한 의견을 편안하게 교환하는 절차입니다. 자기가 둔 걸 다 어떻게 기억하냐고요? 프로 기사들은 단 한 수도 예외 없이 명확히 이해한 상태에서 특정 위치를 의식적으로 선택하기 때문에 기억하는 겁니다. 복기라는 절차를 통해서 승자와 패자 모두 뭔가를 얻게 됩니다.

수학 문제 해결도 마찬가지입니다. 문제를 풀어내서 만세를 부른 후 다음 문제로 넘어가기 전에, 방금 내가 해결한 문제에 대해 복기를 하자는 겁니다. 자신의 문제 해결 과정을 메타적으로 내려다보면 좀 더 좋은 생각으로 연결될 수 있습니다. 즉, 문제 해결 과정을 보다 정교하고 단순하게 다듬는 과정에서 자신의 사고 과정을 대상화할 수 있고 그 과정에서 또 다른 생각으로 연결되는 거죠. 나아가 문제의 조건을 바꾸어 새로운 문제를 창조해 낼 수도 있고 더 일반적인 해법으로 연결해 낼 수도 있습니다.

반성 단계는 스스로 해결한 문제를 재해석하여 새로운 문제를 만들어 내는 능동적 과정입니다. 여기까지 와야 제대로 된 문제 해결이라고 포여는 말합니다.

반성하기

- 자신의 논증 과정을 설명해 보자.
- 결과를 다른 방법으로 이끌어 내 보자.
- 결과를 다른 문제 상황에 접목해 보자.[5]

문제 해결
치트키 3인방

수학은 지극히 뻔한 사실을
전혀 뻔하지 않게 증명하는 것이다.
- 포여 -

정의로 돌아가기: 나는 누구, 여긴 어디?

이제 포여의 이론을 기초로 하여 직접 수학 문제를 해결해 보
겠습니다. 앞서 문제의 조건과 관련 정보가 곧바로 이어지지 않
을 때는 '보조 요소'들을 사용한다고 했죠? 그중에서도 수학 문
제를 넘어 일반적 상황에도 다양하게 적용되는, 그래서 중·고등
학교 학생들에게 꼭 필요하다고 판단되는 것으로 저는 다음의
네 가지를 꼽고 싶습니다. 바로 귀납과 유추, 정의로 돌아가기,
거꾸로 생각하기, 반대 가정 이용하기입니다. 이 중 귀납과 유추

는 앞 장들에서 충분히 설명했으니, 이 장에서는 나머지 세 가지 요소들을 통해 문제를 해결해 보죠. 첫 번째는 '정의로 돌아가기' 입니다.

17명의 참가자가 토너먼트로 바둑 게임을 한다고 할 때, 최종 우승자가 나올 때까지 치러질 총 게임의 수를 구하시오.

17명이므로 부전승으로 올라가는 사람이 존재하기 때문에 계산이 복잡할 수 있는데요. 실제로 이 상황은 그림을 통해 다음과 같이 나타낼 수 있습니다(전체 게임의 수를 구하는 문제이므로 부전승 자와 이기는 사람은 임의로 선택해도 됨).

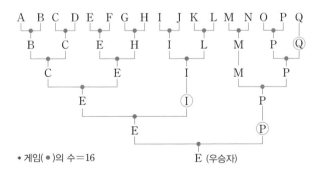

* 게임(●)의 수＝16

E (우승자)

그림 속의 점의 개수(총 게임의 수)를 세어 보면 16개임을 알 수 있습니다. 물론 이것은 정확한 답이지만, 만약 참가자가 아주 많다면, 예를 들어 13,047명이라면 적용하기 어려운 방법이라는 문제점이 있죠. 따라서 다른 방법으로 접근해야 합니다.

이 문제 해결의 핵심은 토너먼트라는 게임 방식에 있습니다. 토너먼트는 한 번 게임을 하면 한 사람이 탈락하는 게임 방식입니다(용어의 정의). 여기서 조금 더 생각해 보면, 이 정의가 게임의 수와 탈락자의 수 사이에 일대일대응이 성립한다는 의미를 담고 있다는 걸 알 수 있죠. 17명에서 시작해서 최종 우승자 1명이 남았습니다. 다시 말해 우승자를 제외한 16명이 게임에 진 것이고, 그래서 토너먼트의 정의에 따라 게임의 총수는 16회가 되는 겁니다. 만약 13,047명이 게임을 했다면 그 총수는 13,046회가 될 것이라는 기적의 추론이 단지 용어의 정의 분석만으로 가능해집니다. 참여자가 몇 명이든 같은 원리가 적용되고요. 용어의 정의는 단순한 약속 이상의 의미를 지니며 이미 그 속에 아이디어를 포함하고 있습니다.

이렇듯 방향이 잡히지 않고 혼란스러울 때, 기본적인 정의로 돌아가서 그 의미를 자신의 힘으로 재해석하고 문제를 해결하는 것은 문제 해결의 가장 기본적이면서도 중요한 기술이자 원리입니다.[6] 정의로 되돌아가려면 용어의 정확한 의미와 직관적 느낌을 미리 가지고 있어야 할 텐데요. 물론 평소에 기본 용어를 겉핥기식으로 알고 있다가 문제 해결 상황에서야 비로소 깊은 이해에 도달하는 경우도 있을 수 있습니다.

제가 대학 2학년 때, 중요한 전공과목의 몇 페이지에 걸친 수많은 복잡한 정의를 달달 외어야 했던 적이 있습니다. 밤새 암기한 수많은 정의를 까먹을세라 머리를 양손으로 감싸 안고(보호 차원) 시험장에 들어갔죠. 초긴장 상태에서 문제를 읽고, 암기한 정의를 조심스럽게 풀어내며 답안을 작성했습니다. 그러다 어느 순간 놀랍게도 밤새 암기한 정의가 완전히 새롭게 다가오며 그 깊고도 단순한 의미가 이해되는 경험을 했습니다. 여러분도 완벽하게 이해하지 못했더라도 기본 정의를 많이 암기해 두는 것은 중요한 순간에 도움이 될 수 있습니다.

우리는 혼란스럽고 어려운 상황 속에서 이런 넋두리 같은 질문을 자신에게 던질 때가 있습니다.

나는 누구이고 여긴 어딘가?

벽에 부딪혔을 때 정의로 되돌아가는 것이 문제 해결의 가장 기본임을 우리 모두 본능적으로 알고 있다는 방증이 아닐까요? 우리는 인생을 살면서 자신의 삶을 끊임없이 다시 정의하고 그 정의에 의지하여 새롭게 시작합니다. 기존의 정의를 이해하고, 필요할 때 소환하는 것을 넘어서 새로운 개념을 능동적으로 제시(정의)할 수 있는 능력이야말로 사유의 핵심 역량이라고 할 수 있습니다.

우리가 수학자가 아닌 이상, 새로운 수학 개념을 만들어 내기는 어렵겠지만 기초 용어들을 스스로의 힘으로 다시 정의해 보고 그렇게 정의할 수 있는 이유를 자신에게 질문하는 연습이 필요합니다(반성). 혹은 교사가 수업을 할 때도, 학생들이 교과서의 개념을 스스로 발명했다고 느끼게 할 수 있다면 매력적인 수업이 될 겁니다.

정의하기는 구체적인 사례들로부터 추상적인 개념으로 넘어가는, 사유하기의 핵심입니다. 네덜란드의 수학자이자 수학교육학자인 프로이덴탈은 이를 '안내된 재발명(introduced reinvention)'이라는 용어로 표현한 바 있죠.

거꾸로 생각하기: 이미 모든 게 마무리되었다면?

두 번째 보조 요소는 거꾸로 생각하기입니다. 다음 문제를 함께 풀어 볼까요?

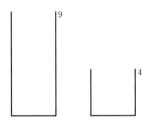

4ℓ짜리 통과 9ℓ짜리 통 두 가지만 가지고 정확히 6ℓ만큼의 물을 만들어 낼 수 있을까?(통에 눈금은 없으며 물의 양은 제한이 없다.)[7]

시행착오를 거쳐 '우연히' 6ℓ를 만들어 낼 수도 있겠지만, 문제의 수치가 달라지면 또다시 시행착오의 불구덩이로 빠지게 됩니다. 뭔가 체계적인 방법이 필요합니다.

문제가 말하고자 하는 바는 간단합니다. 4와 9를 별개의 단위로 해서 6을 만들어 낼 수 있느냐는 거죠(이해). 여러 번 시도를 해 봐도 도저히 방법이 보이지 않는다면, 이런 생각을 해 볼 수 있습니다. 문제가 해결되었다고 가정해 보는 것, 즉 마지막 상황을 그려 보는 것입니다(계획).

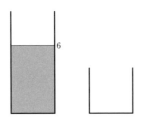

　답을 이미 구했다고 가정해 놓고, 그 모습에 도달하기 위해 어떤 과정을 거쳐야 할지 고민하면서 생각을 거슬러 올라간다는 의미에서 이 방법을 '거꾸로 생각하기'라고 부릅니다. 마지막 상황에 도달하기 바로 직진의 상황, 그리고 나시 ㄱ 직전의 상황…을 역으로 그려 봅니다. 이것은 분명 주먹구구가 아닌 체계적인 사고입니다. 이때 중요한 것은 마지막 상황에 도달하는 과정이 반드시 한 가지일 필요는 없다는 점입니다.

　답에서 한 단계, 한 단계 거슬러 올라가서 우리는 다음과 같이 최초 상황에 도달할 수 있습니다.

이제 이 그림의 순서를 역으로 다시 뒤집으면 증명이 완성됩니다(실행).

서두에서 말했듯이 이 문제는 4와 9라는 두 단위로 6을 만들어 내는 문제입니다. 곰곰이 생각해 보면 방정식 $4x + 9y = 6$의 정수해를 구하는 문제로 바꿀 수 있다는 걸 알 수 있죠. 이 문제를 푸는 데에는 1을 만들어 내는 단계가 결정적이었습니다. 1이 가능하다면 모든 수가 가능할 것이기 때문입니다. 그렇다면 어떻게 1을 만들어 낼 수 있었던 걸까요?

직관적으로 생각했을 때, 만약 두 용기의 부피가 4와 8이라면 결코 부피 1을 만들어 낼 수 없을 거라는 판단이 가능합니다. 2와 8이라면 어떨까요? 역시 1은 결코 만들 수 없을 겁니다. 여기까지 사유가 다다른다면, 4와 9로 1을 만들 수 있었던 이유가 보일 겁니다. 1이 4와 9의 최대공약수라는 사실 때문이죠. 그리고 이 것은 결국 방정식 $ax + by = c$를 만족하는 정수해 x, y가 존재하려면, 두 수 a, b의 최대공약수가 c의 약수여야 한다는 일반적 원리의 발견과 증명으로 이어질 수 있습니다(반성).

거꾸로 생각하기는 선택의 가짓수가 많아서 앞으로 나갈 수가 없는 경우, 결론에 먼저 도달해 놓고 그 시점에서 되돌아 생각하면서 사고의 가짓수를 통제하는 문제 해결의 방법이자 원리입니다. 이 방법은 생각보다 많은 곳에 사용됩니다. 복잡한 범죄 사건을 수사하는 경찰이 용의자를 획기적으로 줄이는 고전적인 방법인 '퀴 보노(Cui bono, 라틴어로 '누가 이익을 보는가'라는 뜻)'가 대표적인 예죠. 즉, 사건 발생으로 인해 이득을 보는 사람을 찾는 것인데, 이 또한 결론에 먼저 도달하여 가능성을 통제하는 거꾸로 생각하기에 해당합니다.

거꾸로 생각하기는 우리의 일상적 삶에서도 유용하게 쓰입니다. 다양한 선택의 기로에서 갈등이 생길 때 그 자리에서 고민하지 말고, 결론에 이미 도달했다 가정하고 미래의 시점에서 돌이켜 가능성들을 되짚어 분석해 보는 겁니다. 그러면 인과관계가 더 분명하게 감지되고 사태가 구조적으로 명료하게 이해되는 경우가 상당히 많습니다. 특히나 평소의 훈련을 통해 많은 것을 얻을 수 있어 활용도가 높은 사고방식이라고 할 수 있습니다.

반대 가정 이용하기: 거짓이 거짓임을 증명한다면?

세 번째 보조 요소는 반대 가정 이용하기입니다. 흔히 귀류법(reduction to absurdity, 모순법)이라고 부르는 방법이죠. 유클리드의 『원론』에 나오는 다음 문제에 적용해 볼까요?

소수의 개수가 무한함을 밝혀라.

소수는 2, 3, 5, 7, 11, …과 같이 약수가 단 두 개인 수입니다(1과 자신). 직관적으로 설명하자면, 더 작은 수들의 곱으로 분해되지 않는 수(자연과학에서 더 잘게 분해되지 않는 원자에 해당)라고 할 수 있습니다. 그런데 이 수열이 끝없이 펼쳐진다는 것, 다시 말해서 아무리 큰 소수가 발견되더라도 그보다 더 큰 소수가 항상 존재한다는 사실을 어떻게 증명할 수 있을까요?(이해)

유클리드는 참과 거짓이 가진 특별한 성질에 근거하여 이 명제를 증명했습니다. 어떤 명제 p가 참이라면 그 명제의 부정($\sim p$)은 거짓이죠. 반대로 어떤 명제 p가 거짓이라면 그 명제의 부정($\sim p$)은 참이고요. 이것은 임의의 명제에 대하여 항상 성립합니다.

p	$\sim p$
참	거짓
거짓	참

어떤 명제가 참(또는 거짓)이라는 사실을 증명하기가 매우 어렵거나 불가능하다면, 이와 같은 참과 거짓의 성질을 이용해 해결해 볼 수 있습니다. 바로 그 명제의 부정이 거짓(또는 참)임을 증명함으로써 원 명제가 참(또는 거짓)이라는 사실을 간접적으로 증명하는 거죠. 유클리드는 소수의 무한성 증명에 바로 이 방법을 사용했습니다(계획).

그는 매우 큰 소수를 찾더라도 더 큰 소수가 다시 발견된다는 점으로 미루어 '소수는 끝이 없다(p)'라고 생각했습니다. 하지만 증명할 길이 보이지 않았습니다. 그래서 그는 정반대의 (모순된) 가정을 해 보게 됩니다. '소수는 끝이 있다($\sim p$)'라고 가정한 거죠. 소수의 끝이 있으므로 가장 큰 소수, 즉 최대 소수가 존재합니다. 이 최대 소수를 M이라고 하면 소수의 집합은 {2, 3, 5, …, M}, 즉 유한집합이 됩니다. 이렇게 한 다음 '어떤 방법'을 통해 이 가정($\sim p$)이 거짓임을 보여 주면 되겠죠. 유클리드는 이를 위해 모든 소수를 곱한 후에 1을 더한 수 N을 생각했습니다.

$$N = (2 \times 3 \times 5 \times \cdots \times M) + 1$$

여기서 $N > M$(최대 소수)이므로 N은 결코 소수일 수 없습니다. 즉, $6 = 2 \times 3$처럼 더 작은 소수로 인수분해가 되는 합성수라는 거죠. 그런데 가정에 따르면 소수는 유한하며 집합 $\{2, \; 3, \; 5, \; \cdots, \; M\}$에 모두 포함됩니다. 위 식을 보면 N은 2의 배수가 아닙니다(나머지가 1). 3의 배수도 아닙니다(나머지가 1). 5의 배수도 아닙니다(나머지가 1). $\cdots$ 마지막으로 M의 배수도 아니죠(나머지가 1). 즉 N은 어떤 소수로도 나누어떨어지지 않습니다. 다시 말해 N은 더 작은 소수로 인수분해가 되지 않는 수, 즉 그 자체로 소수입니다. 이것은 M이 최대 소수라는 가정에 위배되죠? 여기서 '최대 소수가 존재한다는 가정($\sim p$)'은 거짓이라는 결론이 도출됩니다. 따라서 '소수는 끝이 없다(p)'가 참이 됩니다(실행).

귀류법(歸謬法)이라는 용어는 반대 명제가 오류[謬]임을 증명해 원 명제로 돌아가는[歸] 방법이라는 뜻을 담고 있는데요. 그리 명확하게 이해되는 단어는 아니라, 저는 차라리 모순법이 의미상으로 더 적합하다고 생각합니다. 소수 문제를 통해 확인했듯이 이 방법은 직접 증명이 어려운 난해한 문제를 만났을 때, 원하는 결과를 우회적으로 얻는 간접증명법입니다. 그 핵심은 반대 명제가 오류(모순)임을 증명하는 과정에서 창의적인 아이디어를 동원하는 거고요. 유클리드가 $N=(2×3×5× \cdots ×M)+1$이라는 수를 생각해 낸 것처럼 말이죠(반성).

탐정처럼 생각하기: 불가능한 것을 전부 제외한다면?

모순법은 수학의 범위를 넘어 다양한 영역에서 다양한 방식으로 응용됩니다. 17세기에 갈릴레오는 무거운 물체가 가벼운 물체보다 더 빨리 떨어진다는 '상식'에 의문을 품었습니다. 돌멩이와 나무를 같은 높이에서 낙하시키면 확실히 돌멩이가 더 빨리 떨어집니다. 하지만 그 빠르기의 정도가 두 물체의 무게 차만큼은 아니었죠. 여기서 갈릴레오는 혹시 돌멩이가 빨리 떨어지는 이유가 무게 말고 다른 것이 아닐까 생각합니다. 자신의 가설을 논리적으로 검증하는 과정에서 그는 다음과 같은 사고 실험을 합니다.

무거운 물체의 낙하 속도가 가벼운 물체의 그것보다 크다고 가정합니다(무게 원인). 이제 돌멩이 a를 가벼운 실로 묶은 물체 b를 만들어 a와 같은 높이에서 떨어뜨린다면 b의 무게가 a의 무게보다 크므로 b가 a보다 빨리 낙하할 겁니다.…① 그런데 a를 묶은 실도 하나의 물체이므로 낙하 과정에서 a보다 늦게 낙하할 것이고, 따라서 자신이 묶어 놓은 a의 낙하 속도를 더디게 만들 겁니다. 즉, b는 a보다 늦게 낙하할 겁니다.…②

①과 ②는 무거운 물체가 가벼운 물체보다 빨리 낙하한다고 가정하면 피할 수 없는 모순입니다. 그럼 반대로 가벼운 물체가 무거운 물체보다 빨리 떨어지는 걸까요? 만약 그렇다면 a가 b보다 빨리 낙하할 겁니다.…③ 그런데 a를 묶은 실은 낙하 과정에서 자신이 묶어 놓은 a의 낙하 속도를 높일 것이고, 따라서 b의 낙하 속도는 a의 낙하 속도보다 더 빨라질 겁니다. 즉, b는 a보다 빨리 낙하할 겁니다.…④

③과 ④는 가벼운 물체가 무거운 물체보다 빨리 낙하한다고 가정하면 피할 수 없는 모순입니다. ①과 ②의 모순, ③과 ④의 모순을 모두 피하는 길은 하나밖에 없죠. 무거운 물체와 가벼운 물체의 낙하 속도는 같아야 합니다. 갈릴레오의 논리적 도착지가 이것이었죠.[8]

이 결론은 이중부정이라는 방식을 통해 이루어졌습니다($x \not> y$ 이고 $y \not> x$이므로 $x = y$). 전제를 한 번 부정하는 것만으로 확정적 결론이 얻어지지 않는 경우는 이처럼 같은 논리를 중복해서 사용함으로써 남아 있는(모순이 아닌) 결론에 도달할 수 있습니다. 이것은 모순법의 응용이라고 할 수 있습니다.

셜록 홈스 같은 추리소설 속 탐정 캐릭터도 바로 이런 방법을 응용해 사건을 해결하곤 합니다. 아서 코난 도일의 단편소설 「브루스파팅턴호 설계도(The Adventure of the Bruce-Partington Plans)」[9]의 내용을 같이 볼까요? 군수공장에 근무하는 한 직원이 기차역 선로에서 사망한 채로 발견됩니다. 그의 주머니에는 영국 해군의 신형 잠수함 설계도가 들어 있었는데 설계도면 중 가장 중요한 세 장이 빠져 있었죠. 중요한 군사 기밀을 적에게 팔아넘기는 과정에서 암살된 것으로 의심되는 상황입니다. 사건을 조사하던 영국 정보국은 하루빨리 사라진 도면을 되찾아야 한다고 판단해 홈스에게 사건을 의뢰합니다. 홈스는 사건 자료를 확인하는 과정에서 살해당한 직원이 그날 기차표를 사지 않았다는 사실과 시체가 발견된 선로에 핏자국이 전혀 없었다는 사실을 알게 됩니다.

기차표를 사지 않았다. → 기차를 타지 않았다.
선로에 핏자국이 없다. → 살해 장소는 선로 주변이 아니다.

수사 자료를 통해 불가능성을 하나하나 지워 나가던 홈스에게 남은 마지막 단서는 시체가 있었던 장소였습니다.

"교차로군. 그렇다면….."

시체가 다른 곳이 아닌 교차로에 있었다는 사실을 통해 홈스는 범인이 직원을 살해한 후 기차 지붕 위에 던져 놓았고, 시체를 싣고 달리던 기차가 교차로에서 방향을 바꾸는 과정에서 시체가 바닥으로 떨어진 것이라는 결론에 도달합니다. 그는 달리는 기차 지붕 위에 시체를 던질 수 있는, 특이한 위치에 있는 집을 지도상에서 세 군데 찾아 정보국에 알립니다. 그중 한 장소에서 범인은 체포되죠.

홈스의 추리는 수학적 기준에서 볼 때 엄밀하지는 않지만 단서를 조합해 결론에 도달하는 과정, 창의적인 아이디어를 통해 합리적인 판단을 내리는 과정에서 큰 재미와 깨달음을 줍니다.

도일은 자신의 또 다른 단편 「녹주석 보관(The Adventure of the

Beryl Coronet)」에서 홈스의 입을 빌려 다음과 같이 말합니다.

불가능을 제외하고 남는 것.
아무리 믿어지지 않더라도 그것이 진실이다.[10]

문제 해결이 심각한 어려움을 맞았을 때 직접 부딪쳐 깨트리
는 정공법이 아니라, 때로는 불가능한 것들을 하나씩 지워 없애고
남은 것을 취하는 우회적인 방법을 사용해야 할 때도 있습니다. 이
는 마치 '홍운탁월(烘雲托月)'이라는 동양화 기법에 비유될 만합니
다. 밤하늘의 달을 직접 그리지 않고 주변에 구름을 그려서 달을
드러내는 거죠.

'홍운탁월' 기법을 활용한 〈설야산수도〉

교과서는 얇아졌는데
왜 더 힘들까?

$$\left(\frac{a}{b}\right)^n = \frac{a^n}{b^n}$$ X

에이~ 누가 그걸 몰라요?

- 고교생 A -

'점수'가 곧 '정의'

지금까지 살펴봤듯이 문제 해결의 본질은 문제의 조건과 자료를 내가 이미 알고 있던 정보와 연결하여 적절하게 변형하는 것입니다. 이렇게 말하면 간단해 보이지만 실제로는 쉽지 않습니다. 내 머릿속에서 쉬고 있는 수많은 정보 중 주어진 문제의 해결에 필요한 것을 콕 집어 일으켜 세우기가 어렵거든요. 이것이 바로 나침반(보조 요소)이 필요한 이유입니다.

저는 포여가 언급한 것들 중에서도 여러분에게 중요한 보조 요소로서 '정의로 돌아가기', '거꾸로 생각하기', '반대 가정 이용하기'를 꼽았습니다. 이 세 가지는 연역의 중요한 방법이자 원리입니다. 여기에 귀납과 유추라는 개연 추리를 추가하면 학교 수학에서 만나는 많은 문제를 해결할 수 있습니다.

물론 실제로 해결 과정에서 여러 개의 사유법들이 얽혀서 사용됩니다. 특정 문제 해결에 특정 사유법이 항상 대응되는 것도 아니고요. 그러니 여러분은 평소에 수학 문제를 해결하는 과정에서 이상의 사유법들을 의식적으로 익혀야 합니다. 앞에서도 강조했지만 중요한 건 문제의 유형이 아니라 사유의 원리를 익히는 겁니다.

더 나아가서 저는 수학 교과서에 이 같은 사유의 원리를 별도로 담아서 제도적으로 교육하는 게 바람직하다고 생각합니다. 여러분은 교과서가 더 두꺼워진다는 얘기에 소스라칠지도 모르지만, 잘 생각해 보면 핵심은 그게 아닙니다. 시간이 갈수록 수학 교과서는 얇아져 왔지만 여러분의 고통은 오히려 가중됐으니까요. 지식의 양을 줄여 준다고 해결되는 문제가 아니라는 방증이죠.

얼마 전에 저는 제가 가르치는 고등학교 2학년 학생들과 면담을 진행했습니다. 시기가 중간고사 직전이어서 더욱 그랬겠지만, 언제나 학생들이 수학과 관련해 가장 관심 있어 하는 부분은 단

연코 시험 점수입니다.

> 저자: 어려운 문제를 풀어냈을 때의 정신적 유쾌함, 이런 건
> 어떻게 생각해?
>
> A: 그런 건 있죠. 그런데 그것보다도 시험에서 실수하지 않는
> 게 더 중요해요. 평소 노력한 게 한 번 실수로 날아가는 건
> 도저히 못 참거든요.
>
> 학생들: (끄덕끄덕)

학생들은 자신의 노력이 정당하게 점수로 표현되는 것을 무엇보다도 중요한 가치로 여기고 있었습니다. 그것이 곧 정의(justice)인 거죠.

> 저자: 그렇구나. 그럼 평소에 공부하다가 안 풀리는 문제, 좀
> 어려운 문제 만나면 어떻게 해?
>
> B: 체크해 놓고 질문하죠. 아예 어려운 문제는 넘어가요. 시간
> 낭비니까.
>
> C: 중학교 때 학원 수학 선생님이 풀이를 보면 안 된다고 했어
> 요. 스스로 생각하고 그래도 안 되면 그냥 질문하라고.

'질문하는 것과 풀이를 보는 게 얼마나 다를까?' 하는 생각이 들었지만 굳이 지적하지 않고 계속 질문했습니다.

저자: 순수하게 스스로 수학 공부하는 시간이 일주일에 얼마나 될까? 그러니까 수업 듣는 거나 인터넷 강의 듣는 거 말고.

D: 숙제하는 시간도 포함하나요?

저자: 학원 숙제 말하는 거지? 그건 빼고. 그냥 혼자 공부하는 거.

A: 에이 그러면 하루에 한 시간도 안 될걸요? 숙제 시간은 포함시켜야죠. 그것도 엄연한 공부잖아요.

저자: 그 말도 맞아. 그래도 그건 누군가로부터 주어진 과제만 하는 거잖아. 어설프게나마 스스로 계획하고 자신에게 과제를 부여해서 해내는 건 또 다른 의미가 있지 않을까?

학생들: …

이것은 극히 일부 학생들의 예시이기는 하지만 아마 여러분의 생각도 비슷할 거라고 예상됩니다. 제가 확인한 바에 따르면, 개인별로 차이는 있지만 전체적으로 보았을 때 학생들이 수학 공부에서 가장 중요하게 여기는 것은 자기 노력이 정당하게 평가받는 겁니다. 즉, 점수죠. 그 밖에 어려운 문제를 해결해서 정신적으로 고양되는 것(성장) 등은 점수를 올리는 과정에서 얻는 부수적인 효과일 뿐이고요.

숙제가 공부를 가로막고 있다

사교육의 문제점은 아마 많은 사람이 공감할 겁니다. 그중에서도 수학과 관련해 특히 심각한 부분은 숙제에 있습니다. 제가 확인한 바에 따르면 학생들이 풀어내야 하는 숙제의 양은 실로 엄청났습니다. 시중에서 판매하는 문제집에 더해 학원 보충 교재가 별도로 있고, 그것도 모자라 시험 때가 다가오면 근처 고등학교들의 기출 문제를 연도별로 모아서 책자 형태로 만든 '문제집'도 풀어야 합니다.

물론 문제를 많이 다루어 보는 것이 문제 해결 역량 향상에 도움이 될 수 있겠지만 그것도 한계가 있습니다. 학생들은 매일 밤낮으로 숙제를 해내느라 자기 공부를 못합니다. '숙제를 열심히 하는 것도 공부잖아?'라고 생각하는 성인이 있다면, 저는 그 숙제를 매일 직접 해 보기를 권하고 싶습니다. 초등학교 때부터 어마

어마한 수학 숙제에 노출된 학생들이 수학 공부에 정서적인 흥미를 느낄 기회가 있을까요? 스스로 공부하는 시간을 하루에 한 시간도 확보하지 못한다면 사태가 심각한 것이 아닐까요?

앞에서 이야기한 포여의 문제 해결 과정을 다시 떠올려 봅시다. 이해-계획-실행-반성은 그 용어만 보더라도 철저히 학습자의 능동적 판단으로 움직이는 과정입니다. 6부 「수학 불안을 넘어서」에서 다시 상세히 이야기하겠지만 공부는 교사의 도움하에 학생 자신이 계획하고 실행하고 결과를 만들어 내고 정리까지 완결하는 자기 주도 과정이어야 합니다. 풀어야 할 문제와 도달해야 할 목표 등 모든 것이 미리 주어져 있는 상태에서 학생들은 능동성을 점차 잃을 수밖에 없습니다. 이때 남는 것은 고통 속에서 보내온 시간만큼 점수로 보상을 받는 것뿐이죠. 마치 흥미를 잃은 직장 생활을 하는 성인이 월말에 수치로 주어지는 봉급 말고는 자신의 삶에 어필할 게 없어지는 것과 같습니다. 지극히 수동적인 인간으로 성장하게 되는 거죠.

과도한 학습(숙제)이 바람직한 학습을 방해하고 있습니다. 능동성, 경이로움, 지적 호기심이라는 단어가 수학과 무관한 개념이 되어 가는 현실. 사유의 의미와 가치를 느끼고 그것을 체화하기보다 문제 유형을 암기하고 시간 안에 풀어내는 능력이 보상

받는 현실. 문제 풀이 기계 아니면 엎드려 자기 기계로 교실이 점차 양극화되는 현실. 이것이야말로 지금의 학생들이 처한 가장 근본적인 문제입니다.

저는 앞서 학생들과의 대화에서 제 마지막 말에 대한 학생들의 표정으로부터 이해와 항변을 동시에 읽었습니다. 아니, 읽을 수밖에 없었죠. 학생들은 어이없다는 표정으로 '에이 누가 그걸 몰라요?'라고 말하고 있었기 때문입니다. 어쩌면 이 책을 읽고 있는 여러분도 똑같은 표정을 짓고 있을지도 모르겠네요.

사람은 문제를 해결하는, 혹은 해결에 실패하는 과정에서 인격적으로 성장합니다. 쉽게 풀리지 않는 수학 문제 하나를 스스로 진득하게 붙잡고 해결을 고민하는 일 자체가, 자신의 스타일을 만들어 가는 중요한 수단일 수 있습니다.

5부

수학을 배워서
어디에 쓰냐고?

: 탑티어 학자들과의 가상 대화

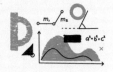

수학 공부의 의미를 어떻게 부여하는가는 사람마다 제각각일 수 있습니다. 저의 경우에는 수학 공부를 통해 자신을 이해하고 세상과 기꺼이 대면할 수 있는 능동적 태도를 얻게 되었다고 생각합니다. 물론 그 과정은 순탄하지 않았고 현재도 진행형이지만 크게 보아 기쁜 시간이었습니다.

고등학교 졸업 후 수학 교과서를 모두 불태우는 상상을 하며 하루하루를 보내는 전교 1등이 있을 수 있습니다. 한편, 수업 시간에 선생님이 심심풀이로 제시한(시험에 나오지 않는) 문제를 집에 가서도 끝까지 풀어 보려 애쓰는 평범한 학생도 있을 수 있죠. 인생을 폭넓게 보았을 때, 저는 두 번째 학생이 앞으로 잘 살아갈 가능성이 훨씬 크다고 생각합니다.

『안네의 일기』를 읽어 본 적이 있나요? 책에는 주인공 안네가 나치 독일군을 피해 은신처에 숨어 있을 동안, 수학 문제를 푸는 이야기가 나옵니다. 극한 상황에서 증명하는 기하학 문제가 안네의 내면에 어떤 그림을 새겨 넣어 주었을까요? 여러분도 수학 공부의 넓은 의미를 생각해 보고, 자신이 수학을 공부하는 고유한 의미를 스스로 부여할 수 있기를 바랍니다. 그래서 5부는 플라톤, 칸트, 페스탈로치, 피아제, 비고츠키 등 위대한 학자들과 제가 가상의 대화를 나누는 형식을 통해, 수학 공부의 인간학적 의미를 생각해 볼 수 있게끔 구성했습니다.

수학 꼰대
플라톤

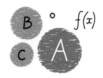

기하학을 배울 생각이 없으면
이 문을 들어오지 마라.
- 플라톤 -

저자   처음 만나는데도 낯설지 않군요, 플라톤 선생님. 안녕하
         십니까?

플라톤   아. 표정을 보아하니 내게 질문이 있어 보입니다. 혹시
         학생을 가르치는 교사시오?

저자   예, 그렇습니다. 그런데 그걸 어떻게?

플라톤   교사에게서 나는 냄새가 있지요. 내가 아테네에서 활동
         할 때도 그랬는데 머나먼 이곳에서도 그건 변하지 않는
         구먼. 그건 그렇고 내게 할 질문이 뭐요?

저자 학생들에게 수학 공부의 가치와 의미를 전달하기가 쉽지 않습니다. 상급 학교에 입학하기 위한 수단이라는 점을 뺀다면 과연 학생들에게 수학 학습의 의미가 무엇일지…. 선생님이 만드신 학교 아카데메이아에서는 기하학을 중시하셨지 않습니까? 수학 학습의 의미를 학생들에게 어떻게 어필하셨습니까? 시공간의 차이는 있지만 참고가 될 수도 있을 것 같아서 드리는 질문입니다.

플라톤 내 제자들이 편집한 대화편은 읽어 보셨겠지요?

저자 노예 소년과의 대화는 물론 읽어 보았습니다. 질문을 통해 소년이 스스로 수학적 진리를 깨달아 가는 과정을 실감 나게 묘사하고 있다는 생각이 들더군요.

플라톤 시대의 아카데메이아를 그린 모자이크화

플라톤 바로 그거요, 선생. 진리는 누구에게나 열려 있는 거란 말이지. 왕족에게나 노예 소년에게나 진리는 같은 것이고 또 그래야 하오. 입장에 따라 달라지는 걸 진리라고 할 수는 없소. 기껏해야 의견일 뿐이지. 시공간이 달라지면 변하는 것 또한 진리라고 할 수는 없을 거요. 저 아테네 저잣거리에서 교묘한 말장난을 늘어놓으며 참과 거짓의 기준을 흔드는 사람들을 보시오. 그와 반대로 수학은 진리의 진정한 표준이오. 직각삼각형 두 변의 길이의 제곱의 합이 빗변의 길이의 제곱과 같다는 사실은 누구도 부정할 수 없지 않소?

저자 수학적 진리야말로 유일하게 보편적이고 객관적인 진리라는 말씀으로 이해해도 될까요?

플라톤 아니, 그건 아니오. 수학적 진리에서 멈추면 안 되지. 우리는 수학을 통해 사회적 선(善)으로 나아가야 하오.

저자 사회적 선이라… 그럼 수학을 공부하는 궁극 목적이 사회적 선을 알고 실천하는 데 있다는 건가요?

플라톤 그렇소. 역시 고귀한 일을 하는 사람답게 이해가 빠르군.

저자 하지만 수학은 자연과학이나 사회과학에 사용되기도 하고 실제적 의미가 있지 않나요? 수학 학습의 목적이 선을 이해하는 데 있다는 선생님의 말씀을 학생들이 얼마나 이해할지….

플라톤 수학이 자연의 이해에 응용될 수 있는 것도 수학이 가진 보편성과 객관성 때문이오. 인간의 선도 마찬가지로 보편성과 객관성을 가지고 있지요. 논리와 이성, 즉 사유로만 접근 가능한 추상적이고 투명한 선 말이오. 직각삼각형의 진리처럼 도덕적 선 또한 모두에게 열려 있소.

저자 음… 논의의 방향을 전환해 보죠. 다른 교과목에 비해 수학을 공부하는 과정이 힘들고 어려운 건 사실입니다. 복잡하게 얽혀 있는 계산을 해내야 하는 건 물론이고 심각한 증명도 해내야 합니다. 수학이 도대체 왜 이렇게 어려운 건가요? 이를테면 어려운 이웃을 도우며 사회적 선을 매일 실천하는 게 수학 공부보다 쉽겠다는 생각이 드는데요. 이건 어떻게 생각하세요?

플라톤 (껄껄 웃으며) 아테네나 여기나 마찬가지군요. 내 이야기 잘 들으시오, 선생. 학습이란 모르던 것, 그러니까 나에게 없던 것을 아는 게 아니라오. 이미 우리가 (잘못) 알고 있던 것을 제대로 깨닫는 거지. 지금까지 살아오면서 뭔가를 심각하게 깨달았을 때를 회상해 보시오. 새로운 정보를 얻게 된 때가 아니라, 잘못 알고 있던 것을 이성을 통해 재발견했던 때일 거요.

저자　….

플라톤　결국 자신이 이미 알고 있지만 망각하고 있던 것을 깨닫는 거지. 기하학의 증명을 천천히 따라가다 보면 결정적인 순간에 깨달음이 오면서 전체 내용이 하나로 연결되지 않소? 그건 외부에서 누가 던져 준 게 아니오. 외부로부터 주어지는 건 그냥 주워 담으면 되지만 자신의 영혼을 수면 위로 올려 직면하는 건 쉬운 일이 아니라오. 그것은 논리의 높은 규범, 한 치의 양보도 없는 완전한 진리의 추구, 항상 처음의 원리들로부터 출발하는 습관, 사용하는 개념을 엄밀하게 정의하고 자기모순을 피하는 습관[1]의 다른 이름이오. 이게 바로 수학이 어려운 이유요. 하지만 그만한 가치가 있지. 새로운 사람으로 거듭나는 게 쉬운 일은 아니지 않겠소?

저자　자신의 잠재력을 믿고 노력하라는 의미…인가요?

플라톤　그런 의미도 되겠지요. 하지만 더 중요한 건 진리 앞에 겸손한 태도를 유지하는 거라오. 잘 알지도 못하면서 헛

소리를 늘어놓는 얼간이들은 시대와 장소를 불문하고 넘쳐흐르니까 말이오.

저자 좋은 말씀 잘 들었습니다. 질문 하나만 더 드리겠습니다. 대화편에서 소년은 직각삼각형의 진리를 발견하는 과정에서 '예, 아니오'만 말할 뿐 적극적인 질문을 하지 않더군요. 교사가 기획한 대로 따라갈 뿐이죠. 이걸 스스로 깨달았다고 볼 수 있을까요? 결국 수학의 객관성과 추상성을 강조하는 것이 학습자의 능동적 활동을 지나치게 제약하지는 않을지 하는 우려입니다. 어떻게 생각하시는지요?

플라톤 (저자를 잠시 지그시 바라보다가) 실제로 내가 설립한 아카데메이아에서도 그런 이유로 도중에 학교를 그만둔 학생들이 있었더랬소. 발랄한 친구들이었지. 다 제대로 가르치지 못한 내 잘못이라고 생각하오. 선생의 그 비판은 일리가 있지만 난 다른 관점에서 생각해야 한다고 봅니다.

저자 다른 관점이라뇨?

플라톤 교사의 역할에 대한 강조로 이해할 수는 없겠소? 학생의 내면에 잠자고 있던 순수 이성을 일으켜 진리에 도달할 수 있도록 정교하게 이끌어 주는 교사는 시대를 불문하고 극히 고귀한 존재요. 좋은 수업이란 학생과 교사 사이에 의미 있는 소통이 일어나는 수업이지요. 겉으로 보기에 학생들이 활발하게 활동한다고 해서 반드시 능동적인 수업이라고 할 수 없듯이, 일방적인 강의가 진행되는 것 같은 교실에서도 내적으로는 교사와 학생 사이에 불꽃 튀는 소통이 진행 중일 수 있는 거요. 그러니 소년이 질문하지 않은 것만으로 일방적 수업이라고 볼 필요는 없을 거요.

저자 그렇군요.

플라톤 내 생각일 뿐이니 참고만 하시구려. 선생의 마지막 질문에 대해 다른 대답을 줄 수 있는 철학자가 한 사람 있소. 나와 여러 면에서 대비되는 친구라던데… 그리 멀지 않은 곳에서 산책 중일 테니 궁금하면 한번 가 보시오. 칸트라는 사람이요.

구성 요정
칸트

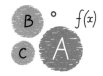

지식은 경험에서 시작된다.
- 칸트 -

저자 교수님의 격언 중 사페레 아우데(Sapere Aude, '과감하게 사유하라')는 제가 가장 좋아하는 말입니다. 제 모국의 어떤 철학자는 이 말을 '너 자신의 이해력을 사용할 수 있는 용기를 가져라'로 의역했더랬죠.

칸트 아주 적절한 번역이라 생각됩니다. 그분을 한번 만나 보고 싶군요.

저자 이름이 기억나지 않아서 그건 어렵겠네요. 그건 그렇고… 교수님은 유클리드 기하학에 중요한 철학적 의미를 부여하신 걸로 알고 있습니다. 학생들이 수학의 의미와 중요성을 어떻게 이해하면 좋을까요?

칸트 갑자기 훅 들어오시는군요. (잠시 눈을 감고 생각하다가) 우리가 세상을 경험하고 분석하고 문제를 해결할 수 있는 이유는 인간의 내부에 어떤 프로그램이 미리 깔려 있기 때문입니다.

저자 우리가 사용하는 노트북에 여러 프로그램이 내장되어 있는 것처럼 말인가요?

칸트 노트북…이 뭐지요?

저자 (싱긋 웃으며) 그런 편리한 물건이 있습니다. 다음에 만나면 보여 드리도록 하겠습니다. 이야기를 계속해 주시지요, 교수님.

칸트 (고개를 끄덕이며) 우리가 수학 이야기를 하고 있었지요? 수학적 지식은 개념의 구성으로부터 획득된 지식이라는 측면에서 일반 지식과는 확실히 구분됩니다.

저자 개념의 구성이라는 말이 어렵게 느껴지는데 구체적인 예를 들어 주실 순 없을까요?

칸트 예를 들면 고양이 한 마리를 상상해 놓고 아무리 분석해도 고양이에 대한 지식을 얻을 수는 없습니다. 혹은 자유라는 개념을 아무리 분석해도 궁극적으로 동어 반복에 그칠 수밖에 없지요. 하지만 수학은 달라요. (들고 있던 지팡이로 흙바닥에 삼각형 하나를 그린다.)

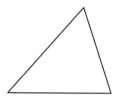

이것은 구체적인 삼각형이지만 동시에 보편적인 삼각형입니다. 단 하나의 삼각형이지만 동시에 모든 삼각형이지요. (능숙한 손놀림으로 보조선을 그린다.) 이 하나의 삼각형에 보조선($\overline{CD}$, $\overline{CE}$)을 부여함으로써 우리는 모든 삼각형의 내각의 합이 180°직각이라는 새로운 지식에 도달할 수 있습니다.[2]

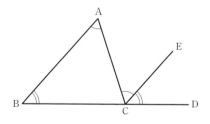

$$\angle A + \angle B + \angle C = 180°$$

저자 그렇다면 구성을 '구체적인 행위를 통해 보편적인 진리로 갈 수 있게 해 주는 경로'라고 이해해도 될까요?

칸트 잘 이해하셨군요. 내친김에 조금 더 설명해 드리겠습니다. 우리가 방금 삼각형을 성공적으로 그려 냈듯이 구성이라는 행위는 시간과 공간의 장에서 일어납니다. 이때 시공간은 구성이 이루어질 수 있는 선험적이고 보편적인 틀입니다. 모든 경험의 논리적 가능성이지요.[3] 단 하나의 삼각형을 구성해서 모든 삼각형의 성질을 얻어 낼 수 있는 이유가 바로 여기에 있는 겁니다.[4] 나는 시공간을 순수직관이라고 부르기로 했습니다. 시간 직관(하나, 둘, 셋, …)으로 인해 수의 구성(산술)이 가능해지고 공간 직관으로 인해 도형의 구성(기하학)이 가능해집니다. 시공간은 내 안에 프로그램된 시스템과 같은 거지요.

저자 표현이 낯설긴 하지만 그래도 구성을 통해 진리에 도달한다는 말의 의미는 잘 알겠습니다. 구성이 행위라고 하셨잖아요? 수학을 잘하려면 몸을 계속 움직여야 한다는 말일까요? 그림을 그리고 방정식을 쓰고… 하면 수학을 잘할 수 있을까요?

칸트 수학을 잘한다는 게 어떤 의미인지부터 분명히 해야겠지요.

저자 일단은 새로운 개념을 이해하고 난해한 문제를 해결해 내는 것이라고 해 두죠.

칸트 내가 발명한 구성이라는 용어는 수학적 진리가 경험에서 시작하여 개념에 도달하는 인간의 활동, 그 능동적인 움직임을 지식 자체와 분리할 수 없다는 메시지를 담고 있답니다. 수학은 순수한 형식적 연역이 아닙니다.[5] 그것은 삼각형 하나, 작은 점 하나를 텅 빈 종이에 그려 넣는 구체적인 행동으로부터 시작하니까요. 수학 문제가 안 풀릴 때는 일단 뭔가를 끄적거려 보는 겁니다. 문제의 조건에서 말하는 바를 식으로 표현할 수도 있고 그림으로 나타낼 수도 있겠지요. 막연히 상상하지 말고 펜을 들고 종이에 뭔가를 만들어 보는 행위를 통해서만 진리에 도달할 수 있습니다. 구성은 개별적이면서도 보편적입니다. 문제를 마주한 개인은 그것을 해결해 내는 과정을 통해 인류에 도달합니다. 구성은, (단호한 표정을 지으며) 자신을 믿고 한 발 앞으로 내딛는 용기, 그 이상도 이하도 아닙니다.

저자 시작할 때 제가 언급한 사페레 아우데의 의미가 방금 말

쏨하신 구성이라는 개념을 통해 드러나는군요. 교수님의 구성 이론은 플라톤의 지식 중심 이론과 달리, 인간 자체에 초점을 맞추고 있는 새로운 수학관으로 느껴집니다. 오늘 말씀 감사합니다.

칸트   내게도 의미 있는 시간이었습니다. 안녕히 가십시오. (고개를 살짝 숙이고 다시 산책로로 접어든다.)

칸트가 평생 떠나지 않았던 쾨니히스베르크의 옛 대학 건물

초롱을 든
페스탈로치

계산 정신과 진리의 감각을 분리하는 자는
신이 결합한 것을 분리하는 자이다.[6]

- 페스탈로치 -

페스탈로치는 바쁜 사람이었습니다. 그는 플라톤처럼 대화를 좋아하지도, 칸트처럼 산책을 좋아하지도 않았습니다. 하루 여덟 시간 수업을 하고 여덟 시간 교재를 만들고 나머지 여덟 시간 동안에는 학교 주변을 다니면서 쓰레기를 줍는 것 같았죠. '같았다'고 표현하는 이유는 저도 말로만 들었을 뿐, 직접 보지 못했기 때문입니다. 뭐, 저도 잠은 자야 하니까요. 저는 여러 번의 시도 끝에 그와의 대화는 포기하고 그의 학교 도서관을 방문해 자료를 찾아보기로 했습니다. 페스탈로치와 수학에 관한 자료 말이죠.

페스탈로치는 모든 인식의 바탕이 되는 인간의 기본 능력으로 수, 도형, 언어의 직관을 꼽았습니다.[7] 도형(형태)을 통해 사물의 공간적 관계를 파악하고, 수를 통해 사물의 크기와 순서를 이해하며, 이들을 명확한 언어와 결합하여 안으로는 사물의 관념을 확립하고 밖으로는 표현 능력을 발전시키게 된다고 본 거죠.[8] 어찌 보면 교육에서 국·영·수를 강조하는 문화의 뿌리를 세웠다고도 할 수 있을 겁니다.

페스탈로치는 옛것이 사라져 가고 새것은 아직 오지 않은 프랑스혁명 직후의 혼란기에, 전통적 메시지(수학과 언어 교육)를 신선한 이론(직관에 기초한 구성)에 담아내려고 했습니다. 그의 '시민 교육관'은 추상적이고 관념적인 틀에서 벗어나 학생들이 직접 만지고 보고 만들어 내는 경험에서 시작하여 논리적 사유로 발전해 나간다는 내면적인 성장 이론입니다. 앞서 맛본 칸트의 직관철학이 페스탈로치에게 좋은 모범이 되었다고 평가받죠.

그래, 그렇단 말이지. 책장을 넘기면서 창밖으로 잠깐 눈을 돌렸을 때, 페스탈로치가 보였습니다. 그는 웃는 얼굴로 학생들과 일일이 인사를 나누고 있었습니다. 환하게 웃으면서… 수업 시간에 공부한 기하학 정리를 제대로 알고 있는지 확인하고 있는 건 아니겠지? 에이 설마…. 페스탈로치가 어디론가 바삐 사라지고 저도 다시 책으로 돌아왔습니다.

페스탈로치는 수, 도형, 언어 중 가장 중요한 것으로 수를 꼽았습니다. 착각을 일으키기 쉬운 도형과 언어에 비해 수가 오류의 가능성이 적기 때문이죠. 그는 계산의 명확성과 객관성이 진리 감각을 줄 수 있는 중요한 정신 수양의 수단이라고 여겼습니다. 페스탈로치에 따르면 우리가 수학을 공부하는 이유는 우리 자신의 인식 능력 확장을 통해 올바른 인간성을 적극적으로 구현하는 데 있습니다. 다시 말해 수학교육을 인간성 형성의 본질로 규정한 거죠.[9] 수학 학습의 핵심은 내용(지식)이 아니라 형식(사고력)에 있습니다. 그러니 수학을 배워서 어디에 쓰냐는 질문은 페스탈로치에게는 애초에 성립하지 않습니다. 배우는 과정 그 자체에서 성장이 일어나니까요. 그래서 그는 직접 학교를 세우고 여러 도구와 표, 그림으로 구성된 교재를 개발하여 학생들을 교육했습니다. 고아들을 데려다가 정성으로 가르치며 하나의 인격체로 대우했다는 페스탈로치의 모습을 떠올리며, 저는 천천히 책을 덮었습니다.

페스탈로치의 이론은 수학 학습을 통해 인격적 성숙을 이룬다는 플라톤의 철인정치론과 분명한 접점이 있습니다. 하지만 수학관에서는 상당한 대비를 이루죠. 플라톤의 수학관이 현상과 이데

아를 분리하며 추상적 사유 능력에 중점을 두는 지식 중심 엘리트 수학관이라면, 페스탈로치의 수학관은 경험과 직관을 중시하는 대중적 학문으로서의 수학관이니까요. 말하자면 페스탈로치는 플라톤과 칸트의 장점만을 골라서 흡수했다고 할까요?

책을 반납하고 도서관을 나오자 늦은 시간에도 학교의 불빛은 대낮처럼 환했습니다. 근면과 성실, 그리고 정신적 성숙, 이 모든 것을 관통하는 수학에 대한 경탄과 공허감이 동시에 가슴속으로 스며들었습니다. 어둠이 감싼 학교 밖으로 한 걸음, 다시 한 걸음을 옮기는데 여전히 제 앞길이 환하게 빛나고 있었습니다. 이상한 생각이 들어 멈추고 뒤를 돌아보았죠. 거기 누군가가 한 손에 커다란 초롱을 든 채 환하게 웃는 얼굴로 서 있었습니다. 거리가 꽤 멀었지만 목소리가 들리는 듯했죠. 살펴 가시오, 친구여.

페스탈로치가 전쟁고아들을 돌보는 모습을 그린 유화(콘라트 그로프, 1879)

피아제 vs 비고츠키,
동갑내기 심리학자들의 대담

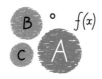

논리와 이성은 발달(행동의 조정)에서 기원한다.[10]
- 피아제 -
학습은 오직 발달에 앞설 때만 가치를 가진다.[11]
- 비고츠키-

저자　　두 분이 동갑내기인 걸로 알고 있는데… 좀 놀랍군요.

피아제　비고츠키 선생이 저보다 동안인 걸로 정리하고 본론으로 들어가죠.

비고츠키 (말없이 잔을 들어 커피를 한 모금 마신다.)

저자　　비고츠키 교수님이 부정하지 않으니 뭐 그런 걸로 하지요. 음…. 피아제 교수님은 어린 시절부터 생물학에 관심이 많으셨던 걸로 압니다. 각종 동식물이 환경에 적응하며 생존하는 모습을 관찰하면서, 저급한 인식 능력을 가졌던 인간이 고등한 인적 능력을 획득해 가는 과정에 대한 나름의 가설을 세우셨죠. 거기에 고유한 실험과 이론을 조합하여 거대한 이론 체계를 구성해 냈다는 평가를 받고 계시고요.

피아제 (비고츠키 쪽을 한번 보더니) 철학자 칸트는 인간이 순수직관을 선험적으로 가지고 있다고 보았지만 나는 이런 인지 능력이 완성된 형태로 주어지는 것이 아니라 성장하면서 점차로 발달한다고 봤습니다. 아니, 증명했지요. 생물학적 발생 개념은 인간의 인식 능력에도 그대로 적용될 수 있고 또 적용되어야 합니다.

저자 교수님은 그것을 심리적 발달 단계라고 말씀하셨지요.

피아제 (고개를 끄덕이며) 특히 주목해야 할 부분은 수에 대한 추상화가 일어나는 과정입니다. (모니터에 화면이 나타난다.)

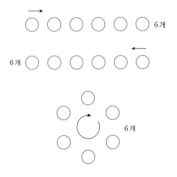

아이가 여러 개의 돌멩이를 늘어놓고 그 개수를 세는 상황을 생각해 보십시오. 아이는 돌멩이를 왼쪽에서 세었을 때와 오른쪽에서 세었을 때, 그리고 동일한 돌멩이를 원 모양으로 다시 늘어놓고 세었을 때, 그 수가 변하지 않았다는 사실을 알게 됩니다. 그로부터 돌멩이를 세는 순서와 무관하게 그 수는 일정하다는 결론을 얻게 되지요. 이때 아이가 발견한 지식은 돌멩이에서 얻은 것일까요? 아니죠, 돌멩이를 가지고 자신이 수행한 행동으로부터 얻은 겁니다. 인식의 방향이 대상(돌멩이)이 아닌, 자신의 행위로 전환된다는 의미에서 나는 이것을 반영적 추상화(reflective abstraction)로 명명했습니다.[12] 결국 합리적 사고와 지식의 본질은 내면화된 조작적 행동이라는 것, 따라서 수학적 사고가 인지 발달에서 특별한 의미를 지닌다는 것이 내 연구의 결론입니다.

저자 피아제 교수님은 인간 사고의 수학적인 구조가 행동의 조직화로부터 발생한다는 관점을 제시함으로써, 칸트의 철학적인 인식 구조 이론을 생물학적이고 심리학적인 발달 이론으로 확장하셨죠. 이를 통해 수학교육 이론을 획기적으로 변화시켰고요. 그 핵심이 바로 반영적 추상

화 개념이었군요. 어떻게 생각하십니까, 비고츠키 교
수님?

비고츠키 피아제 교수님의 입장에 대한 내 생각은 조금 있다가 말
하겠습니다. 그런데 그 호칭은 불편하군요. 난 교수가
아니라 연구자일 뿐입니다. 굳이 별도의 호칭을 쓰고 싶
다면 비고츠키 씨로 요청하는 바입니다. 그래도 되겠습
니까?

저자 물론입니다. 비고츠키… 씨.

피아제 심리적 발달 단계에서 제가 증명했듯이 발달은 구체적
인 것에서 추상적인 것으로 이루어집니다. 따라서 추상
적(형식적) 개념은 감각적이고 구체적인 대상을 다루고
조작하는 것에서부터 출발해야 하죠. 그것은 인지 불균
형을 일으키는 대상을 만나 동화와 조절이라는 조정 작
용을 통해 더 높은 차원의 균형으로 통합해 가는 과정이
지요. 보고 듣고 만지고 느끼는 모든 과정에서 우리는
자신의 행동을 조정함으로써 인식하는 인간으로 성장합
니다. 교사는 학생의 발달 단계를 고려한 적절한 자극을
줌으로써 학생이 자연스럽게 자기 조절을 이루어 갈 수
있게 도와주는 조력자예요. 조력자의 의미를 아시겠지

요. 발달은 교과서와 교실이 아닌, 학생의 내면에서 일어납니다. 이것이 가장 중요한 사실입니다.

비고츠키 (식어 버린 커피를 한입에 털어 넣고 고개를 살짝 왼쪽으로 기울인 채 뭔가 생각하다가 천천히 입을 연다.) 발달에 단계가 있다는 교수님의 의견에 일부 동의를 표합니다. 다만 한 가지 확실하게 말할 수 있는 건 교사는 단순한 조력자가 아니라는 겁니다.

피아제 좀 더 구체적으로 설명해 주시면 감사하겠습니다, 비고츠키 씨?

비고츠키 저는 인간의 고등한 정신 기능의 발달에 언어(특히 기호)가 필요불가결한 역할을 한다는 것을 증명했습니다. 언어는 발달을 이해하는 핵심 요소입니다. 어른의 말을 따라 하던 아이는 2~3세가 되면서 혼잣말을 합니다. 혼잣말 시기가 지나면 아이는 내적 말(음성 없는 말)을 할 수 있게 되지요. 나아가서 입말을 넘어선 글말의 단계로 갈 수 있게 됩니다. 기호도 다룰 수 있게 되면서 추상적 사고를 할 수 있는 단계로 나아가는 거랍니다. 이 모든 과정에서 언어(사회)의 숙달은 생각(개인)의 숙달에 '앞서' 이루어집니다.[13]

피아제   (비고츠키의 말을 음미하듯 눈을 감고 있다.)

저자   언어의 숙달이 생각의 숙달에 앞선다는 말이 어렵게 느껴집니다.

비고츠키 아이들은 학교에서 학습한 과학적 개념(수학 포함)을 일상 현상에 적용하면서 어려움을 겪습니다. 하지만 일정한 시간이 지나면 일상 현상을 논리적·인과적으로 빠르게 이해하게 되죠. 과학적 개념은 이렇게 일상적 개념으로 내면화되어 새로운 과학적 개념을 받아들일 수 있는 토대가 됩니다.

하지만 의식을 고양하는 실마리가 되는 것은 어디까지나 과학적 개념입니다. 제 동료들은 실험을 통해 이것을 명확하게 입증했습니다. (피아제 교수가 끼어들려는 것을 막으며) 중요한 것은 과학적 개념은 일상에서 자연스럽게 습득할 수 없으며 학교에서 체계적인 교수-학습을 통해서만 습득할 수 있다는 사실입니다.[14] 요컨대 교과 교사의 지도가 필수적입니다. 학창 시절에 과학적 개념을 제대로 학습하지 못한 성인은 아무리 나이가 들어도 논리적·인과적 사고를 할 수 없으며 자기중심적이고 모순적인 행위를 거리낌 없이 하게 됩니다.

저자　　　언어를 통한 학습 없이는 사고 발달이 불가능하다는 말이군요.

비고츠키　(고개를 끄덕이며) 사고의 발달은 결코 개인의 내면 차원에서 벌어지는 단선적인 일이 아닙니다. 추상적 사고력이 발달하려면 인위적이고 체계적인 교육이 필수적이죠. 개념 형성이 숙달되면 구체적 상황으로부터 떨어져 나와 조작과 창조가 가능해집니다. 생각의 내적 자유가 달성되는 것이죠. 개념적 사고는 상상을 통해 공감까지 이어집니다. 직접 경험하지 못한 일까지도 추상 능력으로 추론하고 감지할 수 있게 되는 겁니다. 그래서 타인에게 공감하는 능력은 논리적이고 개념적인 사고 능력과 떼놓을 수 없습니다.[15] 이 모든 것은 개인 차원에서 절대로 불가능합니다.

피아제　　실례지만 저도 한마디 할 수 있을까요?

저자　　　얼마든지요.

피아제　　저 또한 발달 단계 이론을 수립하기 위해 수많은 실험을 했다는 사실을 말씀드리고 싶군요. 심지어 제 자식들까지도 실험 대상에 포함시켰습니다. 연령대에 따른 사고 발달은 실험으로 입증된 결과입니다.

비고츠키 언어의 역할에 대해선 어떻게 생각하십니까?

피아제 물론 언어는 발달에서 중요한 역할을 합니다. 하지만 논리적이고 수학적인 인식은 언어 이전에 발생한다는 게 제 실험의 결론입니다.[16] 언어는 발달의 결과이지 원인이 아니라고 말하고 싶군요.

비고츠키 언어가 발달의 결과라는 말은 개인이 사회보다 논리적으로 앞선다는 말로 들립니다. 늑대소년을 생각해 보세요. 그는 인간의 언어를 스스로 습득하지 못합니다. 당연히 추상적 사고도 불가능하고요. 개념적 사고를 하지 못하는 개인을 진정한 개인이라고 말할 수 있을까요?

저자 자자, 두 선생님의 열띤 토론 덕분에 의견이 갈라지는 밑바닥 지점을 직접 확인해 볼 수 있는 행운을 얻었네요. 시간이 한정돼 있으니 제가 정리를 좀 해도 될까요?

피아제 (할 수 없다는 듯 한숨을 쉬면서 고개를 끄덕인다.)

비고츠키 (차분한 눈빛으로 절도 있게 목례를 한다.)

저자 두 분의 이론을 들으니, 한자 문명권의 유명한 학자인 맹자와 순자가 떠오릅니다. 맹자에 따르면, 인간은 선한 본성을 가지고 태어나며 외부로부터의 오염이 없다면 확충의 노력을 통해 누구나 군자가 될 수 있습니다. 성장이란 궁극적으로 나에게 내재하는 자연의 원리를 깨닫는 것이지 교과서를 공부하는 것이 아니니까요. 반면에 순자는 맹자의 이런 주장이 공허하다고 생각합니다. 혼자서 온종일 고민하고 또 해 봤는데 배움만 못하더라는 거죠. 그의 이야기는 고전(언어)의 체계적인 학습만이 인간을 성장시킬 수 있다고 말하는 학습 필수 이론과 맞닿아 있습니다.

하지만 이러한 두 입장의 차이는 인간의 자발성에 관한 낙관론과 비관론(또는 신중론)이라는 입장 차로 이해할 수도 있습니다. 맹자와 순자의 이론상 차이가 크더라도 궁극적 목적은 둘 다 '군자 되기'라고 할 수 있죠. 마찬가지로 피아제 교수님은 학생 개개인의 자발적 구성을 강조하시고, 비고츠키 씨는 교사가 설계한 체계적 수업을 강조하시지만 그 목표는 둘 다 '추상적 사유 능력 습득을 통한 자유인 되기'라고 생각됩니다. 그렇지 않나요?

(동갑내기 두 학자가 서로를 쳐다보며 알 수 없는 웃음을 짓는다.)

5부에서는 가상 대화를 통해 플라톤부터 비고츠키에 이르기까지 다양한 수학자, 철학자, 심리학자의 생각들을 살펴보았습니다. 이들에 따르면, 수학은 우리가 도달해야 할 우주의 객관적 진리이면서 인격 고양의 수단이고, 세계를 해석하는 인식의 틀임과 동시에 인지 발달의 핵심 요소입니다. 여러분 개개인이 능동적으로 지식을 구성해 내는 일은 무엇보다 중요한 교육적 가치이지만, 이때 교사의 역할이 단순한 조력자에 머물러서는 안 됩니다. 이 모든 것은 수학-논리-이성이 가진 다양한 인간학적 가치이며, 서로를 보완하는 의미 있는 발견이죠.

제 개인적인 생각으로는 비고츠키의 주장처럼 개념(추상) 자체가 우리의 정서를 고양시키고 내적 자유로 가는 다리가 될 수 있다면, 이것이야말로 수학을 공부하는 가장 큰 보람이 아닐까 싶습니다. 이와 관련하여 마지막 6부에서는 수학 학습의 큰 걸림돌, '수학 불안'이라는 정서적인 문제를 다루고자 합니다.

6부

수학 불안과
성공 경험

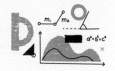

불안감이란 장래에 내게 닥칠지도 모를 사태에 대해 느끼는 슬픈 감정을 말합니다. 불안감은 학습의 내재적 동기를 감퇴시키고 삶을 수동적으로 만듭니다. 결국 학습을 넘어서 삶 자체를 갉아먹게 되죠.

수학 공부를 하면서 여러분이 느끼는 불안감은 개념 이해나 문제 해결에 대한 것이 아니라, 대부분 점수에 관한 것일 겁니다. 고등학교 1학년 1학기 중간고사 직전 1~2주는 대체로 학생들의 불안감 지수가 가장 높은 시기라고 할 수 있습니다. 고교 진학 후 처음 보는 수학 시험, 의욕적인 목표, 나보다 열심히 하는 것 같은 주변 친구들, 풀어야 할 문제는 아무리 풀어도 줄지 않고⋯. .

시험이 끝난 후, 절망과 자기 비하에 빠진 채 몇 주 정도 헤매던 학생들은 다시 전의를 다지며 문제집을 펼칩니다. 다음 시험에서 충분히 만회할 수 있다는, 불안감을 머금은 희망은 이렇게 모든 교실을 유령처럼 배회합니다. 어떻게 하면 이 끈질긴 유령을 물리칠 수 있을까요?

내가 어떻게 할 수 없는 대상(점수)에게서 가볍게 눈을 떼고 나에게 달린 것, 내가 온전히 통제할 수 있는 것에 눈을 돌려야 합니다. 바로 이 행위로부터 불안감 퇴치는 시작될 수 있습니다. 간단히 말하면 나를 있는 그대로 받아들이고 지금보다 나아지려고 노력하는 것, 그것으로 충분합니다. 바로 그때, 여러분의 불안감은 빛의 속도로 자존감이 될 겁니다.

답을 향해 걸어간
그만큼 성장한다

희망을 가져 본 적이 없는 자는
절망할 자격도 없다
- 버나드 쇼-

이 불안은 대체 어디서 온 걸까?

수학이 학생들에게 유독 큰 스트레스의 요인이 되는 이유는
뭘까요? 아마도 기본 개념에 대한 이해를 바탕으로 추상적이고
논리적이며 심지어 엄밀하기까지 한 높은 수준의 사고가 요구되
기 때문일 텐데요(중·고교 수학에서 엄밀성은 그다지 강조되지 않지만
타 교과에 비한다면 분명히 한 단계 높은 엄밀성을 요구합니다). 개념에
대한 '플라토닉 러브'를 요구하는 이 부담스러운 교과가 선택 과
목이라면 크게 문제가 되지 않을 겁니다. 선택하지 않으면 되니

까요. 하지만 플라톤이 강조했듯 수학은 결코 옵션이 아닙니다. 불행히도 수학은 수학능력시험에서 표준점수 차이가 가장 큰 과목이며, 따라서 대학 입학이라는 경쟁에서 극히 중요한 위치를 차지합니다.

요컨대 수학은 학생들이 싫어할 만한 요소를 두루 갖추고 있는 과목입니다. 오죽하면 수학 불안(mathematics anxiety)이라는 개념까지 나왔을까요?

불안은 공포, 분노, 슬픔 등 인간이 겪는 부정적 감정 중에서 내면에 지속적인 악영향을 끼치는 가장 좋지 않은 감정이라고 할 수 있습니다. 수학이 아닌 다른 어떤 과목도 '불안'과 연결되어 언급되지 않는 걸 보면, '수학 불안'은 일종의 학습 질병으로 보아야 할 것 같습니다. 수학 수업을 듣거나 수학 문제를 풀 때 신체적 증상을 포함해 극도의 스트레스를 겪는 이 건강하지 못한 감정은 다양한 원인으로부터 비롯됩니다.

① 능력 부족

학생의 기초적인 능력 부족이 일차적 이유입니다. 중학생이지만 초등학교 수학의 기초가 부족한 경우, 고등학생이지만 중학교, 심지어는 초등학교 기초가 없는 경우를 생각보다 자주 볼 수 있습니다. 하지만 기초가 부족하다고 곧바로 불안이라는 강박 상태로 들어가지는 않습니다.

② 부정적 경험

수학 불안을 겪는 학생들은 과거에 수학으로 인해 부정적 사건을 경험한 일이 '반드시' 있게 마련입니다. 중요하다고 생각해 열심히 준비한, 그래서 잘 볼 거라고 확신했던 시험을 망친 경험이라든지, 수학 교사에게 예상치 못한 상황에서 심하게 야단맞은 경험 등 구체적인 기원을 갖는 사건이 있죠. 이것이 본인의 능력을 부정적으로 규정하는 계기가 됩니다.

③ 과도한 기대

이런 심적 상태에 주변 어른들, 예를 들어 부모가 가진 과도한 기대와 그에 미치지 못했을 때 보이는 부정적인 태도가 결합하면 문제가 심각해집니다. 수학 시험을 앞두고 강박을 느끼게 되고 부담스러운 과제를 회피하는 행동을 반복하게 되죠. 수학 불안이라는 어둠의 세계로 빨려 들어가는 겁니다.

성공 경험: '딱 한 번' 이겨 보는 일

기초 능력 부족에 부정적 경험, 그리고 과도한 기대의 결합은 시간을 두고 천천히 이루어집니다. 하나가 다른 하나의 원인이 되면서 말입니다. 그래서 여기로부터 빠져나오는 것도 한순간에 이루어질 수 없습니다. 수학 불안을 극복하는 데는 상당한 시간이 걸리지만 그 원리는 단순합니다.

실패를 반복하며 주눅이 들어 있는 어떤 탁구 선수를 생각해 봅시다. 그는 시합을 앞두고는 항상 잠 못 이루며 괴로워합니다. 하지만 그는 탁구를 그만둘 수 없습니다. 주기적으로 승부를 놓고 시합을 해야만 하죠. 어떻게 하면 이 고통에서 벗어날 수 있을까요? 탁구 불안에서 벗어날 수 있는 방법은 뭘까요? 간단합니다. 시합에서 한번 이겨 보는 겁니다.

수학 불안은 자존감 획득을 통해서만 벗어날 수 있습니다. 그리고 자존감 획득의 가장 중요한 요인은 '성공 경험'입니다.[1] 성공 경험은 자신감을 부여하고 자신감은 또 다른 성공을 가능케 합니다. 성공 경험에는 몇 가지 전제 조건이 필요한데, 가장 중요한 것은 본인의 실력을 정확히 파악하는 겁니다.

고등학생을 예로 들어 볼까요? 만약 전국연합학력평가 성적이 5등급이라면 전국에서 중하위권 성적으로 볼 수 있습니다(9등급 중 5등급). 이 학생이 1년 만에 자신의 성적을 1등급으로 만들 수 있다고 생각하는 건 과신을 넘어 과대망상에 가까운 생각입니다. 그것은 가능하지 않습니다. 본인 성적이 5등급인 이유가 있을 겁니다. 이때는 기본기가 부족하므로 본인이 접근할 수 있는 난이도의 참고서를 골라 자신의 힘으로 문제를 해결하면서 성공 경험을 쌓아 나가야 합니다. 어려운 참고서, '킬러 문제'보다도 기본적인 문제를 확실히 다루면서 논리 구조를 자신의 것으로 만드는 경험을 해야 하는 거죠.

고등학교 1학년 때 5등급을 받았다면 수능 시험에서 3등급 정도를 목표로 해도 충분합니다. 가고 싶은 대학의 학과에 들어가려면 1등급을 받아야 한다고요? 그 대학 학과는 나중에 대학원 때 진학하는 것으로 하고 지금은 접읍시다. 공부는 진학의 수단이 아니라 성장의 경험입니다. 진학은 그 결과일 뿐이고요. 이것이 지난 5부에서 만나 본 그 대단한 플라톤, 칸트, 페스탈로치, 피아제, 비고츠키의 핵심 주장이며 근본적인 접점입니다.

인생을 너무 좁게 생각하지 말고 몰랐던 언어(개념)를 조금씩 알아 가는 재미와, 안 풀리던 문제를 시행착오를 거쳐 풀어내는 기쁨을 경험해 보길 바랍니다. 목표를 설정할 때, 혼자 하지 말고 주변 어른(예를 들어 학교 선생님)의 도움을 얻기를 추천합니다. 자신을 객관적으로 이해하는 것은 자신을 사랑하는 첫걸음입니다. 만약 어떤 주변 사람이 '넌 할 수 있어'를 남발하며 무리한 목표를 제시하거나 요구하면, 설사 나의 부모라 할지라도 그 사람은 내 편이 아닙니다. 누가 내 편인지 아닌지 어떻게 구분하느냐고요? 먼저 나 스스로 내 편이 되고자 하는 확고한 의지가 있다면 가능한 일입니다.

규율과 자유: S의 우산 미스터리

성공 경험의 두 번째 전제 조건은 '좋은 습관'입니다. 이것은 규칙에 대한 이야기입니다. 매일 일정한 시간(딱 30분이라도 좋습니다)을 수학 공부에 투자하기로 정하고 그것을 지키는 겁니다. 성적이 오르지 않더라도 규칙을 지키는 것만으로 성공이라고 스스로를 격려해 줍시다. 삶의 규율이 반드시 그 규율 바깥의 목표를 전제하는 건 아닙니다. 규율 자체가 목표일 수도 있는 거죠. 어렵고 힘든 시간을 극복하고 자신에게 부과한 약속을 지켜 내는 것은 그 자체로 고귀함의 달성이며 찬란한 성공이라고 생각합니다.

규칙의 중요성은 너무 많이 들어서 오히려 여러분에게 별로 가닿지 않을지도 모르겠습니다. 그래서 제가 중학교에 갓 입학했을 때 짝이었던 S에 관한 이야기를 들려드리려고 합니다. 어느 날 아침, 부슬비가 내렸기 때문에 저를 포함해 다들 우산을 들고 등교했습니다. 교실에 들어온 저는 우산을 놓고 자리에 앉자마자, 버스 안에서 내내 읽던 애거서 크리스티의 추리소설을 펼쳤습니다. 몇 분 지나자 제 짝 S가 들어와서 옆에 앉더군요. S는 손에 하얀색 우산을 들고 있었는데 상의와 바지가 젖어 있었습니다. 순간 이상하다는 생각이 들었지만 무시하고 다시 소설로 눈을 돌렸습니다.

조례가 끝나고 3교시가 끝날 때까지 저는 담당 선생님들 몰래 눈의 각도를 적절히 조절해 가며 책상 아래쪽 무릎에 펼쳐 놓은 소설책을 틈틈이 읽었습니다. 하지만 머릿속 한구석에서는 의혹이 조금씩 커지고 있었습니다. S의 젖은 상의 때문이었죠. '우산을 써도 아래쪽으로는 물이 튈 수 있으니 바지가 젖어 있을 순

있다. 하지만 상의는 왜 젖어 있을까?' 쉬는 시간에 주변을 둘러 봐도 역시 상의가 젖은 친구는 보이지 않았습니다. S에게 직접 물어보면 바로 알 수 있겠지만 나름 추리소설 '덕후'였던 저는 일 단 제 힘으로 답을 찾아보기로 했습니다.

- 우산에 구멍이 있다.
- 바람이 많이 불어 비를 피하기 어려웠다.
- 애초에 집에서 다 마르지 않은 옷을 입고 왔다.
- 비가 아니라 가슴 주변 땀의 흔적이다.
- 우산 없이 등교하다가 비가 오기 시작해서 다시 집으로 되돌 아가 우산을 가져왔다.

저는 사실과 논리가 아름답게 조화된 저의 추리에 스스로 감 탄할 수밖에 없었습니다. 홈스와 뤼팽에서 시작해 애거서 크리스 티와 엘러리 퀸까지 읽어 온 공력이 빛을 발하는 순간이었죠. 그 래서 더더욱 순수 추리가 객관적 사실로 확정되는 순간의 환희 를 느끼고 싶었습니다.

어느덧 점심시간이 왔고 비는 이미 그쳐 교실에 햇살이 들이 치고 있었습니다. S의 상의도 거의 다 마른 상태였죠. 저는 보온

도시락을 열며 S에게 말을 걸었습니다. 우리가 서로 알게 된 지 고작 며칠이 지났을 뿐이었죠.

"물어볼 게 있는데….."

"어. 뭔데?"

S는 동그란 플라스틱 도시락통을 꺼내며 말을 받았습니다.

"아침에 보니까 셔츠가 젖어 있던데."

"…?"

"왜 그런 거야? 우산 쓰고 왔을 텐데."

S는 자신의 상의를 이리저리 훑어보며 의아하다는 표정을 지었습니다.

"그게 왜 궁금한데?"

"우산을 쓰고 온 사람이 비를 맞을 수는 없잖아? 쓰지 않을 우산을 굳이 들고 올 이유도 없고 말이야. 이상해서 그러지. 모순이 잖아."

저는 진지한 표정으로 최대한 천천히 제 추리를 들려주었습니다. S가 묻지도 않았는데 말이죠. S는 고개를 끄덕여 가며 제 말을 경청하는 매너를 보여 주었고, 제가 마지막 결론과 함께 그 결론이 의심되는 근거까지 양심적으로 말하자 감탄한 표정을 지었습니다.

"너 참 대단하다. 어떻게 그런 생각을 다 해?"

하지만 저는 우산을 쓰고도 상의 전체에 비를 맞은 S가 더 대단해 보였으므로, 도시락 뚜껑을 열지도 않은 채 S를 눈으로 재촉했습니다. 빨리 정답을 말해 줘. S는 잠시 고민하더니 천천히 이야기를 시작했습니다.

S가 중학교에 진학하면서 막냇동생이 초등학교에 입학했습니다. 3남매 중 장남으로서 동생들에게 좀 더 모범이 되기로 결심한 S는 매일 아침 한 시간 정도 일찍 일어나서 뒷동산을 산책한 후 아침을 먹고 학교에 가기로 결심했습니다. 좀 더 성실하고 모범적인 삶을 살기로 한 거죠. 처음 일주일 동안 아침 산책은 잘 진행되었습니다. 문제는 그날 아침이었습니다. 집을 나서 산책길로 들어서고 얼마 후 비가 떨어지기 시작한 겁니다. S는 산길 한가운데 서서 잠시 고민했습니다.

"무슨 고민?"

"애초에 계획 세울 때, 비 오는 날은 산책을 안 한다는 예외 조항이 없었거든."

"그래서 서서 망설이느라 비를 맞았다는 거야?"

S는 고개를 저었습니다.

"아니. 가던 길 그대로 산책을 다녀왔지. 나무 아래쪽으로 움직이니까 걸어 다닐 만하더라."

산책을 끝내고 집에 돌아온 S는 계획을 일부 수정했습니다. 앞으로 비 오는 날 아침에는 뒷동산 산책을 생략하기로 말이죠. 하지만 그날 비는 계획 수정 '전'에 왔으므로 산책은 원래 계획대로 진행되어야 했던 겁니다. 황당해하는 내 표정을 보고 S는 웃으며 말했습니다.

"모처럼 결심했는데 비 조금 온다고 금방 예외를 두면 그게 무슨 결심이야. 장난이지."

조용히 미소 짓던 S의 표정이 지금도 눈앞에 생생합니다. 저보다 키가 조금 작은 S였지만 그날 이후로 제가 S를 작다고 느낀 적은 한순간도 없었습니다. 여러분 중에는 S의 산책 강행을 융통성 없는 어리석음으로 보는 사람도 있을 것 같습니다. 만약 그렇다면 저는 완전히 잘못 짚은 거라고 말해 주고 싶습니다. 비 오는 날 산책을 포기하는 데 굳이 융통성이 필요할까요? 그냥 안 가면 그만인걸요. 가기 싫은 게 자연스러운 정서니까 말입니다. 그날 저는 S의 젖은 상의에서 '규율'이라는 말의 의미를 이해했습니다. 정리해 보면 다음과 같습니다.

① 규칙을 만든다.

② 규칙을 지킨다.

③ 예외적 상황이 발생할 때 기존 규칙에 근거하여 규칙을 바
꾼다.

언론인이자 사회운동가였던 고(故) 리영희 교수는 '자유'에 대해 이렇게 정의한 바 있습니다. "자유는 자기 자신에게 규율을 가하고 그 규율이 자기 삶에 의미 있는 규율이기 때문에 기꺼이 그것에 따름으로써 보다 승화된 삶의 모습으로 변화하는 것이다."[2]

문제, 그리고 나의 고요한 승부

성공 경험의 세 번째 전제 조건은 '올바른 학습 방법'입니다. 이것은 수학 교과의 고유성과 관계가 있습니다. 다른 과목과는 달리 수학은 문제를 '풀어서' 답을 내는 교과입니다. 포여가 다양한 문제 해결 과정 분석을 통해 밝혔듯, 문제 풀이 과정은 곧 문제 변형 과정이죠. 진흙을 주물러 미술 작품을 만들 듯 문제를 고유하면서도 합리적인 방식으로 변형해야 합니다. 이 과정이 고통스럽기 때문에 우리는 참고서 뒷부분의 풀이를 보고 싶은 유혹을 받습니다. 물론 모범 풀이를 보고 이해해야 하는 상황도 있긴 합니다. 안 풀리는 문제를 붙잡고 한없이 시간을 보낼 수는 없기 때문

이죠. 하지만 이것은 정말로 스스로 해결할 수 없다고 확신한 후에 이루어지는 절차여야 합니다. 벽으로 느껴진다고 해서 곧바로 모범 답안을 뒤적거리는 습관은 버리도록 해 봅시다.

① 5분, 고독하게 고민하는 시간

참고할 만한 방법을 소개해 보겠습니다. 한 문제당 일정 시간(예를 들어 5분)은 절대로 모범 풀이를 보지 않고 고독하게 고민하는 것입니다. 5분 이내에 실마리가 잡히면 그 길로 들어가 봅니다. 하지만 5분 동안 어떤 실마리도 잡히지 않는다면 빨리 참고서 뒷부분을 봅니다. 이때 모범 풀이는 내가 처절하게 고민한 시간의 깊이만큼 나의 내면에 흔적을 남길 겁니다.

저 역시 이 방법을 사용하는 과정에서 접근하기 힘들다고 믿었던 문제를 해결한 적이 있고, 혹은 문제 해결에는 실패했지만 예상치 못한 방법으로 문제의 변형에 성공했던 경험도 많습니다. 답까지 못 가도 내 힘으로 나아간 그만큼 지력이 성장한 것이라는 사실을 잊으면 안 됩니다.

② 적게, 그러나 자신의 방식으로

무조건 문제를 '많이 풀어 보는 것'은 좋은 방법이 아닙니다.

많은 문제를 풀어야 한다는 강박은 결국 풀이를 보고 암기하는 공부로 이어질 수밖에 없습니다. 포여는 이해 없이 해결하려고 드는 것이야말로 가장 피해야 할 악덕이라고 말했습니다. 적은 수의 문제를 풀더라도 자신의 방식으로 문제를 변형해 보는 경험이 필요합니다. 그 과정에서 자신의 생각을 점검하고 재구성하는 반성적 사유가 일어나게 됩니다. 앞서 피아제가 말했던 반영적 추상화 역시, 자신의 사고를 대상화하는 것이 더 높은 차원으로 올라가는 필연적 계기가 된다는 주장입니다. 단순히 '많이' 풀어서 성적이 오른다면 누군들 수학을 못할까요?

③ 유형에 가둘 수 없는 다양성

흔히 하는 방식처럼 문제를 유형별로 나누어 공부하는 것도 사실 그리 바람직한 방법은 아닙니다. 비교적 단순한 문제들은 유형으로 나뉠 수 있겠지만 어느 정도의 사고력을 요구하는 문제들부터는 유형이라는 개념으로 잡아낼 수 없기 때문입니다.

수학 문제는 유형으로 나뉘지 않는 다양성을 가지고 있습니다. 유사한 문제라 하더라도 해결 방법이 전혀 다를 수 있고요. 수학 문제는 탄탄한 기본 지식(개념)과 정형성을 벗어난 문제들을 다룰 수 있는 사고 능력의 결합으로만 해결할 수 있습니다. 그것은 정확한 공식 이해와 암기, 그리고 매일 일정 수의 문제를 다루면서 스스로 고민하고 방황하며 변형 방법에 적응하는 연습 과정의 산물입니다.

〈피아노의 숲〉이라는 일본 애니메이션이 있습니다. 주인공 중한 명인 카이라는 소년은 피아노 연주 대회에 참가하여 베토벤의 〈월광〉을 연주할 기회를 얻습니다. 또 다른 주인공인 경쟁자 슈헤이의 연주가 바로 앞 순서에서 성공적으로 끝났기 때문에 카이에게 부담스러운 상황이죠. 연주가 시작되고 카이는 평소 연습대로 〈월광〉을 건반 위에 담아 나갑니다. 그러다가 종료가 얼마 남지 않은 상황에서 건반 하나의 소리가 사라져 버린 것을 알게 됩니다. 그는 평소 건반을 세게 때리며 연주하는 습관이 있었

피아노 즉석 편곡처럼 문제를 변형하는 힘

는데 피아노 줄이 견디지 못하고 하필 대회 중에 끊어져 버린 거죠. 절망적인 상황에서 카이는 어떻게 했을까요? 그는 소리가 사라져 버린 건반을 피해 가며 〈월광〉을 즉석으로 편곡해 연주해 냅니다. 관객들은 전반부와 후반부가 다른 독특한 〈월광〉을 연주한 카이에게 박수를 보냅니다.

그가 '문제'의 변형에 성공할 수 있었던 이유는 뭘까요? 음악에 대한 열정? 대회에서 반드시 수상하겠다는 의지? 슈헤이를 이겨야겠다는 경쟁심? 모두 아닙니다. 정답은 카이의 피아노 연주 실력입니다. 특정한 건반 하나를 피하면서 곡을 변주하는 것은 열정이나 의지가 아니라 오직 실력으로만 가능합니다. 수학도 마찬가지입니다. 수학 문제 해결은 높은 차원의 사고력으로 가능하며, 그것은 앞서 말한 세 가지 요소(본인의 실력에 부합하는 목표, 좋은 습관, 올바른 학습 방법)의 결과물일 수밖에 없습니다.

능력/노력이 아니라 태도/방법

자신의 현재 수학 실력이 불만족스럽다면 능력이나 노력의 부족을 탓하지 말고, 성공 경험의 세 가지 요소 중 어떤 부분에 결손이 있는지 찾아야 합니다. 목표가 무리하게 설정된 건 아닌지, 규칙적이지 못한 생활을 하는 건 아닌지, 숙고하지 않고 풀이를 암기하거나 무작정 많이 풀려고만 한 건 아닌지 살피고 여기서 해결책을 찾아야죠. 능력이나 노력의 문제가 아니라 태도와 방법의 문제임을 명심하도록 합시다. 철학자 에픽테토스는 우리 삶에서 악이란 망각과 게으름, 그리고 산만함의 결과물일 뿐이라고 말했습니다.[3]

사고력의 발달은 필연적으로 성공 경험으로 이어지고, 성공 경험을 통해 자존감이 생기며, 자존감은 다시 사고력의 발달을 끌어냅니다. 이 선순환이야말로 수학뿐 아니라 모든 면에서 인간의 성장 공식이라고 할 수 있습니다.

사고력 발달 → 성공 경험 → 자존감 형성 → 사고력 발달

이때 성공 경험은 사고력 발달과 자존감 형성이라는, 보이지 않는 가치를 연결해 주는 구체적 매개체입니다. 이를 통해 수학 불안의 원인인 능력 부족과 부정적 경험이 해소될 수 있습니다. 하지만 이후에도 단 한 가지 고비가 남아 있습니다. 과도한 기대(특히 부모의)는 학생 본인의 태도와 방법을 넘어선 문제이기 때문입니다.

- 기대한 점수가 나오지 않으면 공부한 것이 '아니'라고 말하는 부모
- '반드시' ○○대학 또는 ○○과에 진학해야 한다고 말하는 부모

이러한 메시지를 자녀에게 지속적으로 꽂는 부모는 사실상 교육이라는 이름으로 학대를 행하는 사람입니다. 이런 사람에게 자녀교육은 자신의 목적을 달성하는 수단이며 자녀는 욕망의 대리 구현자일 뿐입니다. 정신적으로 병든 상태라고 말할 수 있죠. 부모 상담 등을 통해 재교육을 받아야 하지만 이런 부모가 바뀌는 경우는 그리 많지 않습니다.

혹시라도 여러분이 이런 경우에 처해 있다면 반드시 학교 선생님 등 자신의 편이 되고 자신을 지지해 줄 수 있는 어른에게 상담을 요청하고 도움을 받아야 합니다. 그리고 대학에 진학하거나 가정으로부터 독립할 때까지 부모와 실낱같은 접점을 유지하며 살아남아야 합니다. 극단적인 경우에는 가까운 친척 등에게 의지해야 할 때도 있습니다. 무엇보다 중요한 것은 그러한 부모의 생각과 행동이 잘못된 것임을 여러분 스스로 아는 일입니다.

1등이 아닌
1이 되는 방법

100을 꿈꾸며 자신을 비난하지 말고
자기 삶의 1을 만들라.
- 저자 -

기쁨을 키우고 슬픔을 멀리하기

공포와 불안을 안고 있는 상태에서 어려운 수학 문제를 제대로 이해하고 풀 수 있을까요? 저는 어려울 거라고 생각합니다. 예를 들어 직장에서 열심히 일하다가 동생이 교통사고를 당했다는 연락을 받았다면, 일이 손에 잡힐까요? 반대로 별생각 없이 응모한 단편소설이 최우수상을 받았다는 소식을 접하는 순간, 노벨상을 받은 것처럼 기운이 치솟아 장편소설도 쓸 수 있을 만큼의 힘이 생기는 게 인간입니다. 인간은 그만큼 정서적인 존재죠.

이 말은 인간의 이성적 측면을 평가절하하고 감정적인 존재로 격하하는 말이 아닙니다. 인간의 이해력은 편안하고 여유 있는 상태에서만 제대로 기능합니다. 논리와 이성은 감정적으로 안정적인 상태에서 확장되고 발전할 수 있고요. 수학 불안이라는 용어가 만들어진 핵심 이유가 여기에 있습니다. 정서의 문제는 학습에서 극히 중요한 주제니까요.

철학자 스피노자는 감정을 크게 두 가지로 나누었습니다. 기쁨과 슬픔이 그것입니다. 스피노자에 따르면 기쁨은 주변과의 결합을 통해 생기는 감정이고, 슬픔은 반대로 주변으로부터 해체를 통해 생기는 감정입니다. 소규모 동아리 취미 활동을 하며 행복감을 느끼는 사람은 동아리 사람들과의 결합을 통해 기쁨의 감정을 얻을 겁니다. 일주일에 한 번 정해진 시간에 근교의 산에서 홀로 등산을 하며 안정감을 느끼는 사람은 산과의 결합을 통해 기쁨을 누릴 거고요. 보고 싶지 않은 동료를 매일 만나며 살아야 하는 사람은 그와 있는 동안은 시공간의 단절을 경험합니다. 수학 성적에 강박을 가진 학생은 시험 시간이 다가오면 교실에서 도망치고 싶은 기분이 됩니다. 이것들 모두 커지지 못하고 쪼그라드는, 슬픔의 감정입니다. 그래서 스피노자는 말합니다. 기쁨을 키우고 슬픔을 멀리하라고. 주변과 소통하고 능동적으로 움직이면서 내 감정을 고양하라고.

나를 슬프게 만드는 모든 것들을 멀리하도록 해 봅시다. 재수 없고 보기 싫은 친구(동료)가 있으면 애써 설득하려 하지 말고 거리를 둡시다. 꼭 싸워서 설득하고 결과를 얻어내야 할 일이 아닌 이상, 웬만하면 얽히지 말고 무시합시다. 내 감정을 고양해 주는 가치 있는 일이 아니라고 판단되면 과감하게 거절합시다. 내게 지속적으로 슬픔을 주는 사람이면 그 누구라도 기꺼이 '손절'합시다. 스트레스를 주는 대상(사람, 물건)을 버리는 연습을 하는 겁니다. 물론 그 과정에서 내가 책임질 일이 있으면 기꺼이 감수해야겠죠. 중요한 것은 내 삶에 활력을 불러일으키고 기꺼이 행동하게 만드는 대상에 집중하는 겁니다.

인간은 기쁨을 느낄 때 살아 있음을 느끼게 되고 더 살고 싶다고 생각하게 됩니다. 진정으로 존재하게 되는 거죠. 세상이 아름답다는 생각을 단 한 번도 해 보지 못한 채, 세상을 떠나는 것은 너무나 비참한 일입니다.

결합은 다른 말로 만남입니다. 나에게 기쁨을 주는 만남을 찾도록 합시다. 달리기도 좋고 요리도 좋습니다. 소설 쓰기도 좋고 집 근처에 있는 카페에서 책 읽기도 좋습니다. 그게 뭐든지 날 움직이게 하면 충분하니까요.

그런데 이때 조심해야 할 것이 있습니다. 이를테면 자신은 마약과의 만남을 통해 기쁨을 느낀다고 하는 사람이 있을 수 있습니다. 미안하지만 그건 결합이 아니라 해체입니다. 내 육체와 정신을 파괴하기 때문이죠. 우리는 유쾌함(전체적인 기쁨)과 쾌락(부분적인 기쁨)을 구분해야 합니다. 지속 가능한 만남과 중독을 구분해야 하고요. 결합과 기쁨은 만남을 통해 내 육체와 정신이 더 쌩쌩해지는 것이지 그 반대가 아닙니다. 우리가 어떤 대상과 지속적인 만남을 갖는 것은 그 대상을 이해하는 가장 기본적이고 중요한 방법입니다. 우리는 만남을 통해 변화합니다. 키가 커지고 눈높이가 높아지고 이해력이 확대됩니다.

수학을 좋아하면서 독서를 싫어하는 학생은 없다

이러한 여러 결합(만남)들 중에서 수학 학습과 관련해 여러분에게 추천하고 싶은 것 중 하나가 '독서'입니다. 비고츠키가 말했듯이 언어, 특히 글말(책)은 논리(추상)와 감정(구체)을 연결하는 발달의 촉매입니다.

① 연결 능력 향상

모든 글은 인과 관계를 갖춘 하나의 이야기입니다. 긴 문장을 읽으면서 사태와 사태를 연결하는 능력, 분석하고 예측하는 능력이 생기는 이유입니다. 평소에 책을 읽어서 문자의 나열에 익숙한 학생은 복잡한 문장의 수학 문제를 봐도 당황하지 않습니다. 긴 호흡의 문장을 순차적으로 읽으면서도 전체 이미지를 동시적으로 그려 낼 수 있기 때문이죠. 연결 능력은 이해력의 핵심입니다. 저는 지금까지 수많은 학생을 만나 왔지만 수학을 좋아하면서 책 읽기를 싫어하는 학생은 거의 본 적이 없습니다. 독서는 수학을 잘하기 위한 기본 중의 기본입니다.

독서는 집중력을 요구합니다. 등장인물의 이름과 인물들의 관계를 일관되게 기억해야 하니까요. 저는 몇 년 전에 일본의 어떤 미스터리 소설을 읽으면서 비슷한 이름의 등장인물들 때문에 고생한 적이 있습니다. 미나미, 미카미, 미야코, 미요코가 벌이는 사건이었죠. 중심 논리가 일관성을 유지하면서 변주되는 과정 동안 계속 질문하면서 마지막까지 따라가야만 했습니다.

독서는 끈기를 요구합니다. 문자는 말과 달리 문법과 논리의 지배를 강하게 받습니다. 따라서 이야기 속으로 들어가려면 문법과 논리 속에 자신을 녹인 채 끈질기게 따라가야 하죠. 질서 속에서만 자유로운 상상이 가능한 겁니다.

연결 능력과 집중력, 그리고 끈기는 하나의 능력의 다른 측면들입니다. 이들은 서로를 보완하면서 키워 주며, 물론 여기에는 시간과 노력이 필요합니다.

② 감정의 고양

책 속에는 다양한 인물이 등장합니다. 꼭 소설이 아니어도 그렇죠. 우리는 그들의 이야기를 읽으면서 인간의 다양한 면모에 대해 알게 됩니다. 자신의 경험과 비교하면서 만약 나였다면 어떻게 행동했을까 생각하게 되죠. 훌륭하다는 평가를 받는 책일수록 정답을 제시하기보다는 실존적 상황을 제시하여 읽는 사람이 고민하게 만듭니다. 다양한 감정에 대한 이해를 통해 자신을 들여다보는 것은 자신의 감정을 고양하는 첫걸음입니다.

저는 어린 시절 대학 입시에 실패하고 방황할 때, 불현듯 대학 진학에 회의가 들었습니다. 도대체 이 짓을 왜 하는 거지? 한 번도 하지 않았던 질문이 머릿속에 들어오며 걷잡을 수 없이 휘몰아 쳤습니다. 왜 사는 거지? 무엇을 위해서 내가 이렇게 힘든 나날을 보내는 거지? 이렇게 하지 않아도 살 수 있지 않을까? 바늘이 온몸을 계속 찌르는 것 같은 통증을 느꼈고 정신과 진료까지 받아야 했죠. 식음을 전폐하고 온종일 거리를 쏘다니다가 집에 와서 쓰러져 자는 일상을 반복했습니다.

그러던 어느 날, 사람이 많으면서도 조용한 곳을 찾아다니다가 시내의 대형 서점 한 곳에 들어갔고 거기서 책 한 권을 만났습니다. 그 책의 저자는 기형적인 발가락 모양 때문에 고무신을 반대로 신어도 불편한 줄 몰랐습니다. 주변 사람들이 신을 바로 신으라고 야단을 쳤지만 그는 바로 신는다는 것이 어떤 건지 알 수 없었죠. 고무신과 발의 모양이 달랐기 때문에요. 그 말고는 아무도 하지 않는 고민이 저자를 철학의 길로 이끌었고, 수십 년의 탐구 끝에 그는 결국 고무신과 발의 관계에 대한 나름의 해답을 얻었습니다. 그 답이란 '내 맘이야!'였죠.

우연히 만난 그 책은 저를 철학의 길로 이끌었습니다. 믿음을 강요하는 종교도 아니고, 고민 없이 대세를 따르는 정치도 아닌, 철학의 길. 그래, 대학 진학의 이유는 나 스스로 찾는 거야. 저는 그날 서점 한복판에서 책을 끌어안고 울었습니다.

저는 수학 학습을 단순히 문제를 잘 푸는 방법을 찾는 일이라고 생각하지 않습니다. 수학은 삶의 문제 상황에 제대로 대응하는 근본 능력과 관련되어 있으며, 스스로를 이해하고 정직하게 넘어서는 문제를 포함하고 있죠. 힘들고 외로울 때, 뜻하지 않게 넘어졌을 때 일어나서 다시 힘차게 걸어가는 것은 합리적 논리의 문제인 동시에 자신의 감정에 대한 올바른 응답의 문제입니다. 우리는 독서를 통해 감정을 이해하고 순화하고 확장할 수 있습니다. 그리고 내 앞에 놓인 문제를 피하지 않고 대면하게 되죠. 문제 해결은 감정에서 시작해 논리에서 끝납니다.

이와 같이 연결 능력 향상과 감정의 고양을 깊이 경험할 수 있는 대표적인 책으로 저는 특히 고전 소설을 추천합니다. 고전 소설은 인간의 거의 모든 문제 상황을 다루고 있으며 시공간의 검증을 통과한 가치 있는 자료들이기 때문입니다. 방송 활동을 활발히 하고 있는 범죄심리학자 박지선 교수는 학창 시절에 읽었던 세계문학전집이, 자신이 범죄 심리 전문가가 되어 논문을 쓰고 사건을 분석하는 데 도움을 주었다고 이야기하기도 했습니다.

고전 소설은 인간의 모든 문제 상황을 다룬다.

문제 '창조자'가 되어 보기

좋은 독자는 언젠가 작가가 된다는 말이 있습니다. 스스로 글을 만들어 본 사람은 다른 사람이 쓴 작품을 이해하는 눈높이가 비약적으로 올라갑니다. 그러한 맥락에서 문제 풀이의 마지막 단계는 문제 만들기입니다.

저는 학창 시절에 친한 친구 두 명과 함께 문제 만들기 시합을 하곤 했습니다. 수학 시험 직전에 셋이 범위를 나누어 한 사람이 두세 개 정도의 문제를 만들어 와서 서로 교환 후에 풀어내는 방식이었죠. 예를 들어 두 친구가 낸 문제를 나는 풀었는데 내가 낸 문제를 두 친구가 못 풀면 두 사람이 내게 짜장면을 사 주는 식이었습니다. 그러니 당연히 문제를 어렵게 꼬아야 했죠. 하지만 자칫 논리적으로 모순인 엉터리 문제를 만들 수 있으므로 조심해야 했습니다. 만약 내가 만든 문제가 엉터리라는 게 밝혀지면 나는 두 사람 모두에게 짜장면을 사야 했고요.

문제를 만들 때는 관련 공식이 잘 드러나지 않게끔 조건을 꼬고 비틀어 얽어 놓습니다. 반면에 풀어내는 과정은 정정당당하고 단순하며 가급적 더 많은 공식이 연결되게 합니다. 저는 문제를 만들며 출제자의 마음속으로 들어가 볼 수 있었습니다. 창조자의 고뇌를 이해하는 것과 비슷했죠. 아, 선생님들이 이렇게 문제를 만들었겠구나. 문제 하나를 만드는 과정에서 열 문제를 풀 때보다 더 많은 것을 배웠습니다. 제가 애써 만든 통계 문제를 끙끙대며 풀고 있는 친구들을 보며 형언할 수 없는 뿌듯함을 느꼈습니다. 한참 동안 헤매던 친구가 마침내 욕설을 날리며 제 얼굴을 향해 종이 뭉치를 던질 때는 정말이지 하늘로 날아오르는 기분이었죠.

수동의 끝은 능동이듯이, 학습의 끝은 창조입니다. 수학은 더욱더 그렇습니다.

1과 100, 그리고 0과 1

저는 최선을 다한다는 말을 그다지 좋아하지 않습니다. 기준이 불명확하기 때문입니다. 어디까지가 최선일까요? 최선을 다하고도 실패한다면 과연 나는 최선을 다했다고 만족할까요, 아니면 후회할까요? 역설적으로 최선은 후회를 낳는 경우가 많습니다.

스피노자는 말했습니다. 지금 후회하고 있는 그 일을 행한 과거의 순간으로 다시 돌아가도 인간은 똑같이 행동할 것이라고. 그 이유는 그 행동이 당시 그의 정직한 역량이었기 때문입니다. 다시 말해서 그의 최선이었던 거죠.

우리는 모든 순간 우리가 가진 역량만큼 행동합니다. 즉, 최선을 다할 수밖에 없습니다. 그러니 최선이라는 말은 의미가 없습니다. 중요한 것은 성장입니다. 나의 확대이고 주변과의 긍정적 연결입니다. 최선이라는 기만적인 단어에 휘둘리지 말고 내 역량을 키워야 합니다.

어느 날 수업 말미에 학생들에게 이런 질문을 던진 적이 있습니다. 0과 1의 차이와 1과 100의 차이 중 어느 것이 클까? 학생들은 대답을 보류한 채 눈치를 봤습니다. 뭔가 함정의 '스멜'이 느껴졌기 때문이겠죠. 답답한 침묵이 계속되는 가운데 한 녀석이 과감하게 손을 들고 말했습니다. "선생님. 그냥 말해 주세요." 저는 이렇게 답했습니다.

1을 여러 번 반복하면 언젠가는 100이 됩니다. 그러니까 1과 100의 차이는 정도의 차이입니다. 두 수는 같은 세계에 속해 있죠. 하지만 0과 1은 달라요. 0은 아무리 반복해도 0이기 때문입니다. 결코 1이 될 수 없어요. 이것은 존재의 차이이며 질적인 차이죠. 둘은 서로 다른 세계에 속합니다. 0에서 1로의 도약이야말로 근본적인 혁명이라고 말할 수 있어요. 수학 성적 때문에 고민하는 학생, 새롭게 수학을 공부하고 싶은 학생,

수학을 사랑하고 싶은 학생 들에게 말해 주고 싶어요. 100을 바라보면서 스스로와 주변을 비난하지 말고 1을 만들 생각을 합시다. 내 삶에 1을 만들어 낼 수 있다면 그 1이 언젠가는 나를 100으로 인도할 테니까요.

제가 이 책을 쓴 목적은 여러분이 자기 삶의 1을 만드는 데 도움을 주기 위해서입니다. 1은 소박하지만 삶을 대하는 태도의 변화를 전제합니다. 그것은 야식 금지일 수도 있고, 기말고사 목표 점수의 수정일 수도 있으며, 한 달에 한 권 책 읽기일 수도 있습니다. 1은 수의 시작입니다. 동시에 그것은 내 삶의 새로운 시작입니다. 부담스러운 문제를 기꺼이 직면할 수 있는 태도, 그 외에 아무것도 아닙니다. 점수는 과정일 뿐, 큰 의미는 없습니다.

**1부 – 수학이 영원히 '선택' 과목이
　　될 수 없는 이유**

1. 사교육걱정없는세상·더불어민주당 국회
　교육위원회 강득구 의원실, 「2021 전국
　수포자(수학포기자) 설문조사 응답 결과」,
　2022.

2부 – 수학의 맛

1. 존 D. 베로, 『1 더하기 1은 2인가』,
　김희봉 옮김, 김영사, 2022, p.169.
2. 김민형·김태경, 『수학의 수학』,
　은행나무, 2016, p.47.
3. 위의 책, p.48.

3부 – 수학적으로 생각한다는 것

1. 포여 죄르지, 『수학과 개연추론: 1권
　수학에서의 귀납과 유추』, 이만근 옮김,
　교우사, 2003, p.55.
2. 마시모 피글리우치, 『그리고 나는
　스토아주의자가 되었다』, 석기용 옮김,
　든, 2019, p.124.
3. 위의 책, p.126.
4. 포여 죄르지, 『어떻게 문제를 풀 것인가?』,
　우정호 옮김, 교우사, 2005, p.230.
5. 『수학과 개연추론: 1권 수학에서의
　귀납과 유추』, p.267.
6. 우정호, 『학교 수학의 교육적 기초』,
　서울대학교출판부, 2007, p.121.
7. 우정호, 『수학 학습-지도 원리와 방법』,
　서울대학교출판부, 2011, p.45.

8. 발티자르 토마스, 『비참한 날엔
　스피노자』, 이지영 옮김, 자음과모음,
　2018, p.110.

4부 – 수학적으로 해결한다는 것

1. 『어떻게 문제를 풀 것인가?』, p.10.
2. 위의 책, p.XIV.
3. 위의 책, p.XIV.
4. 위의 책, p.XVI.
5. 위의 책, p.XVI.
6. 위의 책, p.251.
7. 위의 책, p.102.
8. 크리스티안 헤세, 『22가지 수학의 원칙
　으로 배우는 생각 공작소』, 강희진 옮김,
　지브레인, 2019, p.166.
9. 아서 코난 도일, 「브루스파팅턴호
　설계도」, 『셜록 홈즈 전집 8: 홈즈의
　마지막 인사』, 백영미 옮김, 황금가지,
　2002, p.130.
10. 아서 코난 도일, 「녹주석 보관」,
　『셜록 홈즈 전집 5: 셜록 홈즈의 모험』,
　백영미 옮김, 황금가지, 2002, p.410.

**5부 – 수학을 배워서 어디에 쓰냐고?:
탑티어 학자들과의 가상 대화**

1. 알프레드 레이니, 『수학에 대한 대화』,
　기종석·조응천 옮김, 도서출판별, 1992,
　p.39.
2. 『수학 학습-지도 원리와 방법』, p.78.
3. 위의 책, p.68.

4. 칸트, 『순수이성비판』, 최재희 옮김, 박영사, 2009, p.77.

5. 『수학 학습 – 지도 원리와 방법』, p.61.

6. 위의 책, p.102.

7. 위의 책, p.82.

8. 위의 책, p.89.

9. 위의 책, p.82.

10. 장 피아제, 『장 피아제의 발생적 인식론』, 홍진곤 옮김, 신한출판미디어, 2020, p.26.

11. 레프 세묘노비치 비고츠키, 『생각과 말』, 배희철·김용호 옮김, 살림터, 2011, p.481.

12. 위의 책, p.28.

13. 위의 책, p.218.

14. 진보교육연구소 비고츠키교육학실천연구모임, 『관계의 교육학, 비고츠키』, 살림터, 2015, p.142.

15. 위의 책, p.201.

16. 장 피아제, 앞의 책, p.73.

6부 – 수학 불안과 성공 경험

1. 황매향, 『학업상담: 상담문제 영역 1』, 학지사, 2008, p.61.

2. 리영희, 『대화』, 한길사, 2005, p.488.

3. 에픽테토스, 『불확실한 세상을 사는 확실한 지혜』, 샤론 르벨 엮음, 정영목 옮김, 까치, 1999, p.66.

쪽	출처
17쪽	퍼블릭도메인(위키미디어)
50쪽	퍼블릭도메인(위키미디어)
54쪽	퍼블릭도메인(위키미디어)
60쪽	퍼블릭도메인(위키미디어)
68쪽	퍼블릭도메인(위키미디어)
77쪽	퍼블릭도메인(위키미디어)
	국립중앙박물관(위키미디어)
82쪽	Nicolas B82(셔터스톡)
83쪽	LSE library(플리커)
87쪽	퍼블릭도메인(위키미디어)
109쪽	퍼블릭도메인(위키미디어)
110쪽	Klaus Barner(위키미디어)
113쪽	퍼블릭도메인(위키미디어)
116쪽	퍼블릭도메인(위키미디어)
131쪽	퍼블릭도메인(위키미디어)
164쪽	김두량(한국데이터베이스산업진흥원)
177쪽	퍼블릭도메인(위키미디어)
188쪽	퍼블릭도메인(위키미디어)
192쪽	퍼블릭도메인(위키미디어)
202쪽	퍼블릭도메인(위키미디어)
	퍼블릭도메인(위키미디어)
210쪽	vectorfusionart(셔터스톡)
222쪽	tommaso79(셔터스톡)
233쪽	stevemart(셔터스톡)

북트리거 일반 도서

북트리거 청소년 도서

수학을 포기하려는 너에게
문제 앞 불안을 떨쳐 내고 '수학'할 용기

1판 1쇄 발행일 2023년 1월 20일

지은이 장우석
펴낸이 권준구 | 펴낸곳 (주)지학사
본부장 황홍규 | 편집장 윤소현 | 편집 김지영 양선화 서동조 김승주
기획·책임편집 양선화 | 일러스트 김상준 | 표지 디자인 정은경디자인 | 본문 디자인 이혜리
마케팅 송성만 손정빈 윤술옥 이혜인 | 제작 김현정 이진형 강석준
등록 2017년 2월 9일(제2017-000034호) | 주소 서울시 마포구 신촌로6길 5
전화 02.330.5265 | 팩스 02.3141.4488 | 이메일 booktrigger@jihak.co.kr
홈페이지 www.jihak.co.kr | 포스트 post.naver.com/booktrigger
페이스북 www.facebook.com/booktrigger | 인스타그램 @booktrigger

ISBN 979-11-89799-88-5 43410

북트리거

트리거(trigger)는 '방아쇠, 계기, 유인, 자극'을 뜻합니다.
북트리거는 나와 사물, 이웃과 세상을 바라보는 시선에 신선한 자극을 주는 책을 펴냅니다.